风景园林理论·设计读本

植物景观设计

——基于科学合理的配置

[日] 山崎 诚子 著

刘云俊 译

中国建筑工业出版社

著作权合同登记图字：01-2013-8026号

图书在版编目（CIP）数据

植物景观设计：基于科学合理的配置／（日）山崎　诚子著；刘云俊　译．—北京：中国建筑工业出版社，2018.3
　（风景园林理论·设计读本）
　ISBN 978-7-112-23151-5

Ⅰ.①植… Ⅱ.①山… ②刘… Ⅲ.①园林植物－景观设计 Ⅳ.①TU986.2

中国版本图书馆CIP数据核字（2018）第299344号

Original Japanese edition
Midori no Landscape Design-Tadashii Shokusai Keikaku ni Motozuku Keikan
Sekkei By Masako Yamazaki
Copyright © 2013 by Masako Yamazaki
Published by Ohmsha, Ltd.
This Chinese Language edition published by China Architecture & Building Press
Copyright © 2018
All rights reserved.
本书由日本欧姆社授权我社独家翻译、出版、发行。

责任编辑：张鹏伟　刘文昕
责任校对：芦欣甜

风景园林理论·设计读本
植物景观设计——基于科学合理的配置
［日］山崎　诚子　著
刘云俊　译
　　　*
中国建筑工业出版社出版、发行（北京海淀三里河路9号）
各地新华书店、建筑书店经销
北京锋尚制版有限公司制版
北京中科印刷有限公司印刷
　　　*
开本：880×1230毫米　1/32　印张：7¾　字数：221千字
2019年2月第一版　2019年2月第一次印刷
定价：45.00元
ISBN 978 - 7 - 112 - 23151 - 5
　　　（32914）

致读者

　　日本很早就存在的造园学，与景观设计属于相同的专业。自20世纪80年代起，人们逐渐晓得了景观设计一词。它涵盖的领域包括：街区建设之类的城市规划、建筑、土木和环境等。20世纪90年代以后，突出环保概念的生态系统在景观设计中得到重视；进入21世纪，受到大的地震灾害、少子高龄化和某些地方出现的人口过疏化等影响，对景观设计也提出新的要求：地域与人有机结合，逐步拓展景观设计必要的功能。

　　由此可知，本书要讲的是，在实践中应该怎样将环境、景观或风景等要素纳入景观设计之中；在日本如何做景观设计等内容。我们使用较浅显的语汇，尽量结合具体事例来阐释。例如，读者很容易理解，在建设街区、营造图书馆和布置道路的时候，一定要考虑设计对象，景观设计当然也不例外。

　　笔者从大学的建筑学专业毕业后，又在造园专业学习了树木的专门知识，才进入景观设计事务所，并经历了各种现场实践。最后，成立了自己的景观设计事务所。与此同时，笔者一直在讲授景观设计专业课，20多年从未间断。一道工作的人，几乎都与建筑行业相关，而景观设计的实践，与建筑施工同时进行的情况也非常之多。在工作中和学校里不时地请教建筑相关者；想象一下，当遇到景观设计方面的问题，建筑相关者可以从哪里寻找答案；工作过程中的注意事项都有哪些……过去的经验积累，凝聚成本书的基础内容。此前的景观设计图书，大都将关注的基本点放在怎样渐次地构思景观设计的概念及其辐射的范围等。本书由景观设计中的实际可规划的几方面内容构成，诸如无建筑空白空间的布局、调查分析方法、布置绿地及通道时植物的选定和引进等。假如这些内容在景观设计学习时，能够对读者根据不同设计场合构思出相应的景观理念多少有些助益，笔者则感不胜荣幸。

最后，值本书出版之际，谨向长期给予关照的欧姆社开发部诸君、协助收集资料和绘制插图的GA员工、日本大学理工学部相关人员，表示深深的感谢！

山崎　诚子

2013年2月

Contents

目录

Chapter **3** 规划手法

Chapter **4** 不同种类的景观设计

Chapter 5　植物景观设计

Chapter 6　植物景观设计话题的展开

Chapter 1

景观的范围

通常，人们都将建筑及其附属设施的设计称为建筑设计；而与基础设施和交通用地相关的设计，则被看成土木设计。日本进入明治时代以后，大学和专科学校等在这方面的研究取得长足进步，发展的势头直至今日仍然不减。与此相比，景观设计的历史要短浅得多。一提到"景观"二字，人们还感觉很新鲜；不如换种说法，叫做"作庭、造园、城建"，与古今相传的建筑领域一样，人们会更加熟悉。

本章将要讲述的内容，是景观处理方面涉及的范围。

1.1 从院内花园到地区规划

1.1.1 景观与自然风光

　　景观一词，相当于英语中的Landscape，即风景、景色的意思。如果单说风景，则指那种未加任何修饰的自然风光。所谓景观设计，便意味着要对风景和景色进行设计和规划。图1.1的照片，显示的只是富士山的自然风景；而像图1.2那样，当将建筑物和广场配置在富士山的脚下时，富士山便给公园营造的设计提供了契机，并成为景观设计的核心要素。

图1.1　作为风景的富士山

图1.2　作为景观设计要素的富士山
（出自恩赐箱根公园宣传册）

图1.3　富良野的马铃薯田

　　有人认为，对于景观设计来说，在某些情况下，即使并非特意营造的风景也会成为设计的对象。图1.3是北海道富良野的马铃薯田，这是一处为满足人们饮食需要，开垦原生林后形成的空间。它不是像庭园那样出于观赏目的特意辟成的；然而，就是这样并未保持自然原貌的宏大场面，作为北海道标志性的景观，经常出现在照片和影视作品中，而且引起很多人的共鸣。因此，希望维护这种风景的，也大有人在。虽非自然，胜于自然，利用人造景色构建出可引起人们共鸣的美丽风景，这就是景观设计。在美的概念得到大多数人首肯的同时，因旨趣和志向各异，有的人对美的认识也不是那样明确。类似那些导致灾害发生、给环境造成威胁甚至破坏的做法，都不能称之为景观设计。

　　景观设计与风景的区别在于，前者包含人的意图和经过人手的加工。景观设计，就是人将室外空间进行规划、设计和布置。这里的室外空间是重要的关键词。室外的反义词是室内；设计室外与设计室内的最大不同在于，室外的设计总是离不开自然环境，即使一年时间过去了，可能也达不到设计要求的状态。景观设计的这种特征，既是它的难点，也是其有趣之处。尽管亦因国别和不同地域而多少有些差异，但景观设计的要素，大致包括地上和空中的气候、气象、土壤、地质、地形、水流和植物等。景观设计就是要充分发挥这些要素的特点，使设计后的风景能为人们所利用和观赏。

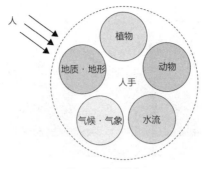

图1.4　景观要素

1.1.2　宏观视角与微观视角

　　景观的范围，若仅指室外，其水平面的广度从草堆、水坑到大地和海洋；垂直面的广度则从虫子爬进爬出的小穴一直到高高的山顶。说到底，景观处理的范围均是人们日常惬意活动的空间。亦即，凡是人们关注的地方，都可以辟成景观。说是微观视点或有些言过其实，在实际的景观例子中，有的内院作为小空间的代表，其实就是一处院内花园。在京都市内，古老的临街建筑里看到的院内花园，不仅具有观赏价值，还成为将室内外巧妙连接起来的环境装置。众所周知，京都地处盆地，周围群山环抱。夏季因少风而酷热无比，冬季又十分寒冷。在没有电气和燃气的时代，只能多穿衣物，再用厚棉帘封住房屋的门窗，以抵御严寒的侵袭。至于对付夏天的暑热，可以说没什么太好的措施。只能想办法让风流动起来，使人感到凉爽些。沿街的店铺多配有两个内院，因为一个朝阳，另一个背阴，所以两个空间会有温度差，从而产生气流。这样一来，面对内院的房间开口部就像风幕那样有风穿过。

　　从宏观的视角看，"大地艺术节越后妻有（越后妻有，地名，在日本新潟县——译注）艺术三年展"最具代表性。在新潟县包括十日町市和津南町760km^{2}的广大范围内，许多雕塑艺术作品点缀其间。这些艺术作品在其环境的烘托下，进一步增进了人与艺术的交流，使得整个妻有地区都成为一处景观。

图1.5　宏观视角
哥斯达黎加海岸照片，近处是天然绿地，远处可见农田和庭园。
从中可发现自然植物与水路、人造农田与水路之间的联系

图1.6　微观视角
通过少量栽植蝴蝶光顾的花草，亦可营造出小小的生物空间

图1.7　夏季京都临街店铺的内院

图1.8 越后妻有艺术三年展（2009）

1.1.3 景观与造园

数十年前的日本，景观（landscape）一词还很少有人知晓。在此之前的所谓造园，主要从事为公园和私人设计庭园的业务，如今也被纳入景观设计的范畴。在大多数情况下，进行街区建设，都是先由城市规划师和土木工程师来决定土地如何利用，画出道路和住宅区等的红线，再由建筑师在指定的地块上布置建筑物；直等到确定余下来的土地要辟成公园和绿地时，造园师才终于出场。从最初以开发的名义，在一个匆忙进行城市建设、只注重速度的时代，发展到现在关注与地域及环境的共生、重视品质的时代，景观已然成为不可或缺的要素。既可以大范围地俯瞰建筑物、绿地和道路等，又能够顾及涓涓细流和生物呼吸所需的极小空间，像这样具有宏观和微观两个视角，正是景观设计所追求的目标。

1.2 | 景观设计步骤

　　虽然设计范围是从宏观到微观的景观设计，但是设计进行的步骤，无论宏观还是微观都是一样的。明确的设计对象，则如图1.9所示。其中，建筑物、室内和制成品等的设计变化不大。景观设计因在室外，对周边环境会产生一定影响，因此除设计之外，我们另辟第2章所讲述的基础调查的内容，也是十分重要的。此外，建成后的景观，植物要继续生长，地面铺装和街道家具等户外设施亦将随着环境的日益变化而逐渐劣化，景观管理自然也是重要的研讨事项。

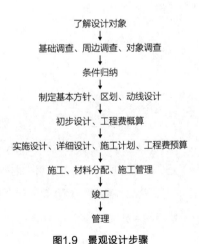

了解设计对象
↓
基础调查、周边调查、对象调查
↓
条件归纳
↓
制定基本方针、区划、动线设计
↓
初步设计、工程费概算
↓
实施设计、详细设计、施工计划、工程费预算
↓
施工、材料分配、施工管理
↓
竣工
↓
管理

图1.9　景观设计步骤

1.3 了解与景观设计相关的各种环境状况

在1.2节，我们曾提到了解设计对象一事。本节讲述的内容，是关于了解下面的4个环境。

- 了解自然环境
- 了解人文环境
- 了解施工环境
- 了解管理环境

特别要注意的是其中的自然环境，因各个地域存在一定差异，故每个地域的自然环境都可能存在新的课题。

1.3.1 了解自然环境

日本属于温带，南北狭长，为海洋所环绕，地形的变化也多种多样。与此相伴，就产生寒暖的差别、干湿的差别、降雪量的差别，以及日照长短的差别等等。而且，由于各个地域和地区的环境条件不同，可引进的植物千差万别，因此展现出的景观亦与此息息相关。能够引进的植物之所以不完全一样，也是出于这样的理由。例如，札幌、东京和冲绳，如表1.1所示，年降水量、平均气温，以及最低和最高气温，都不尽相同。

主要城市气象数据   表1.1

城市名	年降水量(mm)	年平均气温(℃)	最高气温(℃)	最低气温(℃)	日照时间(小时)
札幌	1009.3	8.9	12.9	5.3	1740.0
仙台	1254.1	12.4	16.4	8.9	1796.1
东京	1528.2	16.3	20.0	13.0	1881.3
大阪	1279.0	16.9	21.1	13.3	1996.4
福冈	1612.3	17.0	20.9	13.6	1867.0
那霸	2040.8	23.1	25.7	20.8	1774.0

※据《日本气象厅数据库》：常年值系以1981～2010年30年间观测的平均值计算得出

以世界遗产而闻名的鹿儿岛县屋久岛，年降水量为4477.2mm，加之台风频繁袭扰，因此如何制定排水计划以应对大量的降水，便成为重要的课题。而且，这还将对基础水平的设定、地块整理的坡度、排水规划和铺装材料的选择等产生很大影响。

新潟县的长冈是著名的大雪地区，过去的30年里，最大平均积雪深度达95cm。为了应对这样厚的积雪，很重要的问题就是，必须确保结构物（如藤架）具有适宜的形态，并留出足够的积雪处理空间。

图1.10　屋久岛环境共生住宅的户外照片

图1.11　道路除雪作业

冲绳地区因常有台风经过，降雨也很多，必须采取适当的暴风雨对策。而且，还要设置躲避强烈阳光的空间。

图1.12　被台风吹断的椰子树

1.3.2 了解人文环境

● 高温化

以混凝土和玻璃为主要材料构成的建筑物、路面的沥青铺装和混凝土建造的桥梁等，在夏季烈日的照射下将呈高温化；汽车和空调等电气制品在工作状态下也会散发出热量。因此，在东京等大都市，气候逐渐变暖，甚至到了夜间气温也不下降。这样一来，便使引进喜热的南洋斑杉和小叶马缨之类的亚热带植物成为可能。即使通常采用的行道树，在某些地段，如营业至夜半时分的饮食店，其周边多栽植落叶时间较晚的树种；然而由于夏季沥青和混凝土铺装的高温化，往往导致行道树的叶子过早地脱落。

图1.13 南洋斑杉

图1.14 小叶马缨

● 非自然送风

如果造高层建筑，其间的空隙处会产生高楼风，在有的区域甚至强风常年不断。反之，若使高层建筑不留空隙地排列，便将风挡住，建筑背后则成无风状态。据说，汐留（位于日本东京都心部，大致为银座以南、筑地以西、新桥以东、滨松町以北一带的区域——译注）地区便受此影响，使得海风难以吹入，夏季气温较过去有所升高。

图1.15　汐留面向海洋屏风状排列的高层大厦

1.3.3 了解施工环境

在完成设计投入施工之际，还有许多要考虑的问题。诸如，狭窄道路或陡坡道路等的接入环境如何？有无运输施工机械所需要的电气或水道设备？建筑和土木方面还存在哪些问题？特别是景观方面，在尚未开发的天然林和自然公园内，有时要设置结构物，因此必须事先了解能否在施工过程中不对环境造成任何压力。

作为环保先进国的哥斯达黎加，在森林内设置用于生物研究的小屋时，为防止过度开发，尽量不平整土地和开辟新的道路，而是充分利用空中，以直升机运送资材，确保运输行动不影响到自然环境。从这样的观点出发，甚至没有采用那种从远处架设电缆输入电力的方式，而是设想利用自然能源、使用单体小型设备发电的方法。这不仅有经济上的考量，而且作为一种注重周边环境的施工方法，对于景观也具有重要意义。

图1.16　哥斯达黎加在森林内造建筑物的方法

1.3.4 了解管理环境

　　景观建成后的利用方法和管理方法，也是重要的课题。配套的建筑和土木工程完成之后，在分别进行1年、5年和10年的阶段性检查时，将会产生一些劣化现象，以及不适应人们利用的问题。事实上，早在人们利用景观之前，由于风吹日晒和雨雪降落等环境变化，路面铺装和街道、家具已经开始劣化，加之植物的生长和衰败，使得管理成为必要的手段。至于能否进行管理，则在很大程度上取决于所使用的资材和植物的种类构成。譬如，铺装和结构物等采用木质材料，便容易劣化。为此，若使用不易裂化的不锈钢等材料，便可减少管理的工作量。由于植物管理是一项费时耗力的工作，因此应减少绿化部分，代之以沥青和砂砾等人造物，这样亦可使管理的工作量减轻。

　　由此可见，结构物等硬件部分与伴随管理的植物等软件部分二者的平衡，对管理的影响很大。而且，在用水设施等方面，采用自来水、井水或者再利用水，其循环、净化的方式及容量都是不一样的，因而也关系到设施配备的规模。

| 少 | 日常管理 | 多 |

- ·增加用沥青和地砖等硬件铺装的地表面积
- ·用不锈钢、钢材等制作栅栏和车挡
- ·配置较多的绿化面积
- ·用木材、竹材制作栅栏和门扇
- ·设置瀑布、喷泉和溪流等大面积水设施

图1.17　根据日常管理工作制订设计方向

图1.18　设置需要管理的绿篱作为栅栏例

图1.19　没有植物、无需管理例

2

基础调查

　　景观设计正是建立在多样化的环境基础之上的，环境对设计的影响很大。所谓"调和环境＝设计的基础"，说的是应该采用怎样的形态、色彩和体量才适于具体的环境。为此，调查就显得十分重要。

2.1 | 自然环境调查

日本森林面积占国土的比例高达68.5%，在发达国家中仅次于芬兰和瑞典，列世界第三位，可称为森林大国。发达国家的森林面积国土比平均仅为30%左右，可见日本的比例之高。因此，日本现有的自然环境多半与森林有关，在做景观设计时，森林成为非常重要的基础，而自然的维护和复原则是必不可少的关键词。另外，即使在滨海地区的填筑地，也有诸如海风等气象条件、填筑地土的种类和地块的状态等环境要件。不限于日本，就是在国外，也要对自然环境概况进行详细调查。

作为自然环境的相关项目，可列举出气象、土壤、土质、地形、水系、动物和植物等。在开发之前对以上项目所做的调查，被称为环境影响评价。如果被指定为特别地区，用于大型开发项目或国立公园的建设，全面细致的环境影响评价更加必要。而且，即便是小规模的开发计划，也不能说因为没有制度和条例的约束就不进行调查。但凡需要做环境影响评价的项目，均应事前做自然环境调查，详细了解其状况，这与开发项目的规模无关。

自然环境调查的方法，大致可分为文献调查和现场调查两种。

图2.1　日本列岛及其周围
（据NASA之"Visible Earth：//http：//visbleearth.nasa.gov/"）

2.1.1 文献调查

文献调查是一种以资料收集为主的方法。收集到的各种用途的地图，以及与自然环境有关的资料，来自图书馆和博物馆等公共资料汇集设施、国土交通省和气象厅等官方资料室，或者直接取自大学和民间的研究所。不过，由于互联网的普及，政府作为一项市民服务措施，也在主动公示一些情报信息。如此一来，要收集类似地图等与自然环境有关的各种资料，变得容易了。在市町村政府、资料馆、博物馆和官方机构的网页中，越来越多地纳入与自然环境有关的信息。在环境治理方面已经做到，只要一接通互联网，立刻就能访问相关网页，了解所需要的信息。不过，要注意的是，收集互联网上流动的信息，还应以官方机构发布的为主；至于站在个人角度记述的植物和虫鸟等的自然环境信息，或许内容很详尽，但是不一定确切。这一点不言而喻。

川越市概况

川越市地处埼玉县中央部稍偏南、在武藏野台地的东北端，是一座面积109.13km²、人口超过35万的城市。

自古代始便作为交通要冲和入间地区政治中心发展起来的川越，由于平安时代加入桓武平氏集团的武藏武士河越在此建邸开馆，使势力得到进一步扩展。及至室町时代，因构筑河越城的太田道真、道灌父子的发展，且伴随扇谷上杉氏担负起关东地区政治、经济和文化的部分责任，更奠定了河越繁荣的基础。到了江户时代，作为江户的北方拱卫，作为具有水运之便的物资集散地，越发受到重视。

大正十一年（1922），川越在埼玉县境内最早设市。昭和三十年（1955），又将其周边的9村划归所属，变成现在的市辖区。平成十五年（2003）最早成为埼玉县的核心城市。

尽管是一座位于距东京市中心30公里首都圈内的卫星城，可是川越却具有丰富的城市功能。诸如生产商品作物的近郊农业、借助交通便利的物流业、为传统厨陶的工商业和以饱含历史文化底蕴为资源的旅游业等等。今天，川越作为埼玉县西南地区的中心城市，仍在继续发展。

图2.2 川越市网页
可从中了解该市的位置、面积和人口等概况
（http://www.city.kawagoe.saitama.jp/www/contents/1208909612154/）

2.1.2 现场调查

现场调查，对于景观可以说是最重要的调查。通过现场调查，能够进一步了解在文献调查中没有搞清楚的项目计划地块及其周边的信息。现场调查将从计划地块了解到的主要信息如下。

- 计划地块的外部形态；
- 计划地块的地形；
- 计划地块内现存设施、设备（水管、电气、燃气等）；
- 毗邻环境；
- 计划地块内及其周边的植物；
- 土壤、眺望景观效果、周边设施状况等。

现场调查不能毕其功于一役，最好进行多次。如此才能确认，晴天与雨天、烈日当头照与积水遍地流的状况是怎样的不同；知晓植物会随着季节的更替而变化。这些都是影响景观的重要因素。对动物等的调查，不仅在白天、有时还须选在夜间进行，因为有的动物专门夜间出来活动。

（a）4月的轻井泽　　　　　　　　　（b）6月的轻井泽

图2.3 轻井泽外观的变化
仅两个月时间景色的变化

2.1.3 气象

　　与气象有关的调查，以文献调查为主。要获取气象方面的文献信息，可以利用气象厅网页（http://www.jma.go.jp/jma./index.html）内的气象统计信息。除此之外，也可以查阅都道府县、市町村等各地方网页，从中择取相关信息。若系国外的重要城市，则可通过理科年表，以及国家和城市的公示网页来确认。

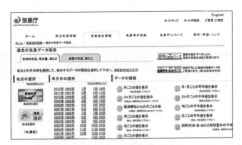

图2.4　气象厅网页内的气象统计信息
(http://www.data.jma.go.jp/obd./stats/etrn/index.php)

　　关于气象统计信息的调查要点，至少要包括以下各项：

- 气温：冷暖状况、平均气温、最高及最低气温；
- 降水量：年平均降水量、不同月份降水量；
- 风向、风速：不同月份月平均值。

　　除了上述要点，若能了解降雪量和日照量则更好。此外，在寒冷地区，地面的冻结深度有多少，自然是建筑物选择结构形式和铺装材料要考虑的重要因素。

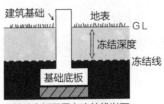

图2.5　冻结深度

日本主要城市冬季冻结深度　　　　　　　　　表2.1

城市名	冻结深度（cm）
札幌市	60
长野市	45
盛冈市	60

※由于标高、周围建筑环境和地下水会随着设备等的布设状态而改变，因此说到底也是参考指标

与景观有关的气象数据项目的重要程度，归纳起来列在表2.2中。

气象数据与设计要素的关联性　　　　　　　　表2.2

项目	植物	生物	结构物	铺装
气温	○	○	△	△
降雨量	○	○	○	○
风向	○	△	○	△
日照量	○	○	○	△

○：重要　　△比较重要

● 关于气温

大多数植物在15℃以上的环境中生长较快。据此可以推断，假如平均气温在15℃以上，植物一年到头都处于生长状态。然而，一旦气温升至30℃以上，多数植物会因过热而处于停止生长的状态。因此，在调查中，预先掌握项目所在地区的最高气温和最低气温十分必要。

例如，东京夏季的平均最高气温为25～31℃，东季则为9～13℃；而以田园城市著称的新西兰，夏季平均最高气温20～30℃，冬季10～15℃。与东京相比，最低气温高，最高气温低，一年四季均适于植物生长。据此，便能够在同一场所同时培育温暖地区的植物和寒冷地区的植物。

图2.6　新西兰克赖斯特彻奇的私人庭园
园内既有喜欢亚热带气候的龙血树类，也有喜欢温带气候的桦木类

● **关于降雨量**

　　水是植物生长必不可少的重要条件，还应预先掌握除冬季以外3个季节的降雨量分布状况，因为这3个季节正是植物的成长期，成长状况与年降雨量的分布密切相关。若将日本降水量非常多的地区与别的国家进行比较，其特点显而易见。降雨量的多少，不仅关系到植物种类的选择，而且也对排雨管和雨水井等建筑物和结构物的型式产生影响。在现场调查中，对于无法亲眼目睹的降雨情况（大雨、小雨），应该通过走访问询的方式了解清楚。

主要国外城市年降雨量和8月份及1月份的平均降水量　　　　　　表2.3

城市名	年降水量[mm]	8月份平均月降水量[mm]	1月份平均月降水量[mm]	统计时间
东京	1622.0	301.0	19.5	1995～1999
纽约	1145.4	107.9	82.5	1982～2010
里昂	855.3	60.7	46.1	1982～1995
伦敦	640.3	57.8	55.0	1997～2010
北京	534.3	138.9	2.5	1981～2010
莫斯科	706.5	82.0	51.6	1982～2010
新德里	767.7	232.4	20.8	1981～2010
悉尼	1032.5	81.2	79.7	1982～2010
里约热内卢	1222.6	50.3	121.3	1981～1991

● 关于风向

　　植物和生物的成长虽然需要风，但过于强烈的风却会使植物和生物的生长
受阻。此外，为了减少对电能的依赖，除了利用日照，风也是很重要的能源。
在夏季炎热的日子里，习习吹来的风，让人们感到凉爽舒适；而在严冬季节，
刮起的风会让人感到更加寒冷，因而成为想避开的要素。了解夏季和冬季期间
的风向十分重要。一般说来，日本的夏天刮东南风，冬天刮西北风。不过，具
体到某个地区，出于各种原因，风（地方风）吹的方向也不尽相同，有必要事先
了解清楚。为此，很重要的一点，就是在进行现场调查时了解项目所在地的周
边环境。周围地形的凹凸变化也导致风的方向发生改变。例如，遇到山朝下吹
的山风、穿过河流和峡谷的风和高楼风等，在一些易受周围地形和建筑物影响的
地区，风向也很容易发生变化。这是事先就要考虑到的。此外，宅基林的位置与
房屋的关系，以及高大树木的倾斜方向是否对着强风吹来的方向等，也都是要掌
握的内容。因此，现场调查的关键就是，要从所有角度来观察和了解周边环境。

图2.7　富山县砺波平原的村落风景
因位于盆地内，故夏季炎热，冬季寒风
凛冽，房屋周围均植有杉树宅基林

图2.8　群马县的高绿篱照片

日本主要地方风　　　　　　　　　　　　　　　　　表2.4

地区	风的名称	风季	风向
关东平原	空风	冬	北
六甲山脉	六甲山风	冬	西北
山形县	清川台风	夏	东南
东北地区	山背风	春~夏	东北

2.1.4　土壤及土质

　　了解土壤及土质（土的性质和状态）可通过文献调查和现场调查两种
方法。文献调查中收集的资料，来自各地方政府的资料室、图书馆和博物
馆等处。另外，在日本国土交通省国土情报科的网页（http://nrb–www.mlit.
go.jp/kokjo/inspect/inspect.html）上，亦可查阅到土壤图、地形分类图和表
层地质图。

图2.9　土地分类图（地形分类图Ⅲ）：关东·中部地区

图2.10　土地分类图（表层地质图Ⅲ）：关东·中部地区

图2.11　土地分类图（土壤图Ⅲ）：关东·中部地区

● 关于土壤

　　火山活动剧烈的日本，地质结构形成的时间较短，雨量也较多，加之地形陡峭等诸多原因，土壤的种类十分丰富。较多的雨量使土壤呈酸性，由于水力的作用，土壤被推向不同的地方堆积起来。受此影响产生的土壤和土质的区别，也是植物和生物分布形成的原因。通过文献调查中的土壤分布图等资料，可以粗略掌握当地土壤的特点。不过，若需对土地进行整理和改良，由于在自然条件下也可能有细微的变化，因此现场调查则不可或缺。

主要土壤　　　　　　　　　　　　表2.5

土壤名	特征	分布
灿灰腐殖黑表土	日本常见土壤，亦称黑土。由火山灰土和腐殖土构成，有机质丰富	北海道、东北、关东、九州
森林褐色土壤	森林树下可见。由黑色表层和褐色下层组成	日本各地
风化花岗岩土	亦称真砂土，山砂土之一种。系花岗岩风化后形成的土壤。透水性好，黏性差，易流动，多用于校园	关西以西山中

● 钻探数据

在文献调查中，利用土壤分布图能够大致了解铺展在地表面的土壤分布状况；而关于地面以下土壤的垂直分布，因地下情况多半各个地方都不相同，故必须通过现场钻探才能搞清楚。假如有用地周边的现成数据，固然可以从中大致推测出钻探数据，但最好还是选择用地内几处地点进行钻探，以获取第一手数据来得更可靠。通过钻探，能够知道排水的难易程度、地下水位的高度和土壤肥沃与否。

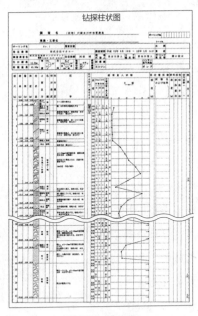

图2.12　钻探图

● 表土和心土

土壤大体上可分为上部的表土和下部的心土。至于项目用地的表面状态，则可以通过现场调查来确认。表土含氧量大，适宜微生物栖息，内有较多的肥沃物质；心土紧致固结，含氧少，是一种几乎不存在生物的土。若要大量引进植物和生物，并能使其存活和生长，一定要保护好表土。

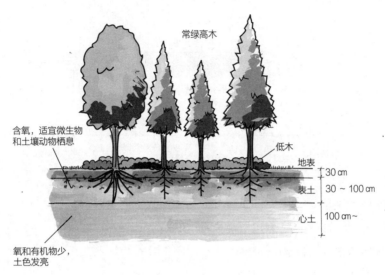

图2.13   表土和心土示意图

● 酸性土壤和碱性土壤

根据土壤分布图的土壤种类划分，可以判断是否是碱性土壤。要了解详细情形，则应做现场调查。在降水量较多的日本，土壤易呈酸性，再加上水田也很多，因此几乎所有地区都分布着酸性土壤。在意大利等地中海周边地区，分布较多的是碱性土壤，这是一种由石灰岩风化后形成的土壤。土壤的偏酸性、还是偏碱性，受影响最大的是植物。举例说来，日本生长着许多喜弱酸性的植物，如自生的杜鹃类；而在地中海沿岸较多地栽培着喜碱性的植物，如橄榄等。

值得注意的是，混凝土虽不是土壤，但因呈碱性，故其周边的土壤往往亦会呈现碱性倾向。能够看到这样的例子：混凝土建筑物的屋顶庭园，即使最初移入的土壤呈酸性，但经过长年累月之后，土壤内的碱成分逐渐上移到表面，使土壤碱化。对此，亦要格外注意。

图2.14　意大利阿尔贝贝洛的停车场
以橄榄树作为绿荫树

2.1.5　地形・水系

关于地形和水系的情况，可通过文献调查了解。

● 地形

由日本国土地理院绘制的地形图已公开发行，在各地方政府的资料室和图书馆可以翻阅，大型书店亦有售。除此之外，亦可通过互联网查看国土地理院的网页。

地形图的比例分为50000∶1、25000∶1和10000∶1等3种。因其中用等高线显示出标高数值，故可了解地形状貌。

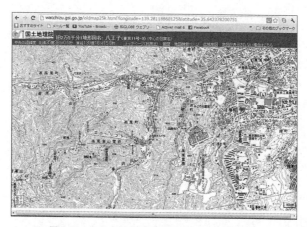

图2.15   在日本国土地理院网页上看到的地形图

● 水系

　　从地形图上可以看到，河流等水系与地形的凹凸变化有着怎样的关联；沿着等高线标示的山脊，还能够找到分水岭。分水岭亦称分水线，是划分不同水系的边界。在山脉中，多与其棱线一致。只要掌握水系的状态，便可以推测出地形的干湿程度。

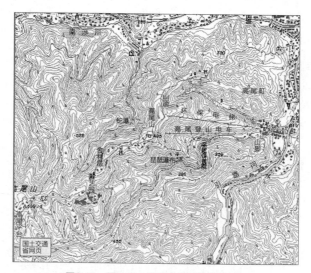

图2.16   图2.15中地形图水系部分放大图

● 高低差

因为从互联网上能够收集到像谷歌地球那样的航拍照片，所以了解标的场所地形的方便程度要超过地形图。日本因受活动频繁的火山和海洋的影响，故其具有地形高低差明显和海岸线复杂的地理特征。而且，各地的气候和物种的差异也比较大。就像一登上高山，会明显感到气温比山下低、风大和天气多变一样，高低差也导致气候的种种变化。这也对动植物的分布产生了影响。鉴于上述，了解地形和高低差造成的地面凹凸，对于景观设计显得十分重要。

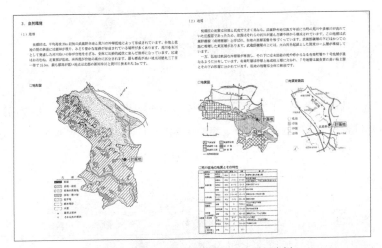

图2.17　地形、地质和土壤的综合文献调查例

2.1.6 动物

在日本，自然栖息的动物包括昆虫、鸟类、爬虫类、两栖类、哺乳类、鱼类和无脊椎动物等。至于可能栖息的动物，应通过文献调查或利用各地方政府发行的自然史和博物志来了解。由于细微的自然环境差别使栖息的动物各异，因此现场调查也很重要。动物与植物不同，因其总在活动中，故而现场调查不能一劳永逸，必须反复多次进行。鸟类和昆虫有时还会飞翔，需

要设陷阱或张网捕获后再做调查。小动物如兔和貉等，可以通过足迹、食物残渣和粪便在现场确认。也有一些夜间活动的动物，如野猪和鼯鼠之类，往往还需要进行夜间调查。

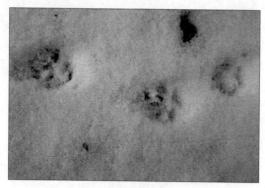

图2.18　狐狸的足迹

一旦在这些动物中发现了珍稀物种，有时必须中止开发行为。珍稀动物的标准系指濒危物种而言，日本都道府县各地方政府均制定有濒危、准濒危动物名录。

日本主要濒危动物　　　　　　　　　　　　表2.6

昆虫	小笠原甲壳虫、石垣蟋蟀、小笠原蜻蜓、夜叉潜水甲虫、小笠原蛤蜊
鸟类	东洋金翅、黑脸琵鹭、斑纹鱼鸮、丹顶鹤、冲绳啄木鸟
爬虫类	伊平屋村蜥蜴、喜久里沢蛇、宅壁虎、红海龟
两栖类	阿部蝾螈、石川蛙、安德森蝾螈鳄、霞山椒鱼
哺乳类	小笠原大蝙蝠、西表山猫、日本海狮、儒艮、琉球黑兔
鱼类	宫缘鳞、琉球香鱼、青鳉、黑斑背鳍鲫
无脊椎动物	关东伊度蚯蚓、鲎、波纹蜘蛛、宫古河蟹、日本蜊蛄、矶小森蜘蛛

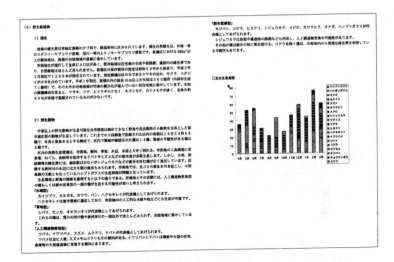

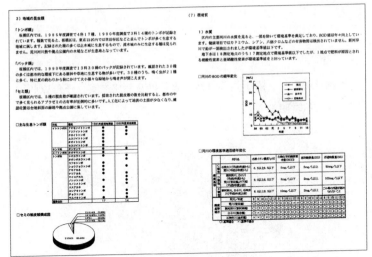

图2.19　对动物等进行综合文献调查的结果例

2.1.7 植物

　　说到植物，虽然亦应包括海中的藻类；不过，在多数场合，作为景观处理的还是陆地上的植物。如表2.7所示，陆上植物从苔藓到裸子植物，范围很广。表中的种子植物，包括所有的草类和树木。草被称为草本，树被称为木本。最近有时要调查苔藓，但调查对象还是更多地放在羊齿类上，既有草本类，也有木本类。这样的调查，分为文献调查和现场调查两种方式。

植物分类图   表2.7

陆上植物 （有胚植物） Embryophyta	苔类植物门（苔类）Marchantiophyta			
	苔藓植物门（藓类）Bryophyta			
	羊齿类植物门Anthocerotophyta			
	维管束植物 Tracheo-phyta	真叶植物 Euphyllo-phyta	石松类植物门Lycopodiophyta	
			蕨类植物门Pteridophyta	
			种子植物 Spermato-phyta	裸子植物门 Gymnospermae
				被子植物门 Angiospermae

● **文献调查**

文献调查的对象，除了各地方政府发行的自然史之类，还可以利用土地维护图和现有植被图等资料。

图2.20 在地方政府官网网页上能够看到的现有植被图（埼玉县北本市）
(http://www.city.kitamoto.saitama.jp/shisei/kankyou/shokuseizu.htm)

此外，还有潜生自然植被图。所谓潜生自然植被图展示的是，假如没有开发的话，靠自然生长将形成怎样的状态。潜生自然植被图用"群落"这样的特殊词汇来表示类别，从而将日本的自然植被分成150种以上的群落。再根据受人为影响程度的大小，大致分为自然植被（几乎未受人的影响）、代偿植被（受到伐采等人的很大影响）和人工植被（如人造林等）。

图2.21 潜生自然植被图

主要群落名称及其构成各群落植物名　　　　　　　表2.8

群落名	植物名
石松越橘群落	石松、黄花石楠、黄金梅
榉木、白木群落	榉、水栎、乌饭、日本铁杉、冷杉、榆叶梅、红花满天星、白木
山毛榉、角树群落	山毛榉、山角树、槲
里白小蘗蚊母群落	蚊母树、里白小蘗、犬樟、岑木、珊瑚树
栎、羊舌群落	栎、鳄梨、小米槠、杜英樟松、羊舌、黄心树、鳝藤

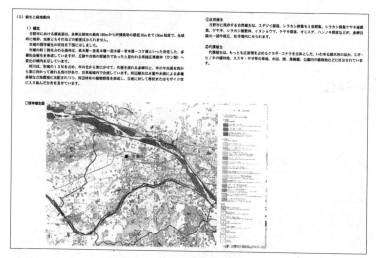

图2.22　依据文献调查归纳资料例

● 现场调查

木本类植物因全年生长在地上，故可随时确认；但草本类植物却随四季更替不断变化，有的季节现身，有的季节又消失了，因此须根据季节的改变定期进行现场调查。

如果调查的范围不大，则可将植被调查覆盖所有植物。即对所有植物的种类和形状（高度、干围和叶展的测定值），以及它们的位置逐一加以记录。如调查的范围较大，则可采取抽样调查的方法。最具代表性的抽样调查方法是样方调查。

● 植被调查方法

1）样方调查

主要用于调查自然绿地状态的场合。首先将绿地的标准部分划分成10~25m的正方形，再对方块内的植物做全面调查。调查的顺序是，先看下面将提及的阶层结构，再根据某种植物扩展至多大范围或者占有多少，计算出植被率。植被率有覆盖度和集中度两个指标。

- Ⅰ层（高木层）：直达林冠；
- Ⅱ层（亚高木层）：至高木层之下；
- Ⅲ层（低木层）：数米以下；
- Ⅳ层（草本层）：约50cm以下；
- Ⅴ层（苔藓层）：几乎贴地。

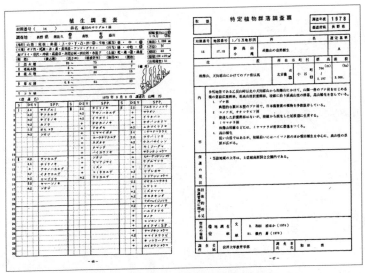

图2.23 通过样方调查编制的植被调查表
（据日本环境厅编《日本重要植物群落甲信越版》）

2）逐株调查

用于已取得的土地和小块自然绿地的调查。主要是规划树木的位置和形状，再将其标注在图纸上。

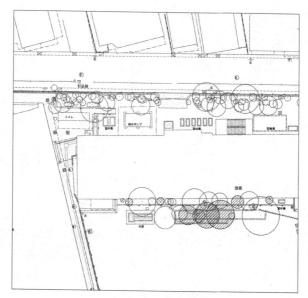

图2.24　现存树木位置图

序号	树种名	形状尺寸(m)			移植	树木评价（树势）	树木评价（病害）	数量	单位	备注
		高度(H)	干围(C)	冠幅(W)						
1	全缘冬青	5.0	0.62	2.0	可		无	1	棵	
2	鸡爪枫	5.5	0.74	3.0	可		无	1	棵	
3	木樨	2.5	—	1.0	可		无	6	棵	C=0.15m、0.22m、0.23m
4	木樨	2.5	丛生	1.0	可		无	1	棵	C=0.15m、0.21m
5	木樨	2.5	丛生	1.0	可		无	1	棵	C=0.14m、0.15m、0.22m
6	木樨	2.5	0.34	1.0	可		无	1	棵	
7	木樨	2.5	丛生	1.0	可		无	1	棵	C=0.14m、0.20m
8	木樨	2.5	丛生	1.0	可		无	1	棵	C=0.18m、0.08m、0.13m
9	鸡爪枫	2.5	0.35	1.8			无	1	棵	
10	龙爪枫	1.0	—	0.8	可		无	2	株	
11	红光叶石楠	2.0	0.09	1.0	不		无	2	棵	
12	龙爪枫	1.0	—	0.8	可		无	3	株	
13	全缘冬青	4.0	0.37	1.2	可		无	1	棵	
14	榉	9.0	1.21	4.5	可		无	1	棵	如系移植，13为伐采
15	桑	3.0	0.35	2.0	不		无	1	棵	
16	大花四照花	5.0	丛生	2.5	可		无	1	棵	C=0.16m、0.2m、0.15m、0.19m
17	女贞子	3.0	丛生	1.0	不		无	1	棵	C=0.16m、0.1m
18	木槿	4.5	0.34	1.2	可		无	1	棵	C附草皮
19	贝塚伊吹	4.5	0.47	1.0	不		无	1	棵	
20	日本女贞	1.5	0.15	1.2	不		无	1	棵	C附草皮

图2.25　现存树木数量表

● 日本植被适宜生长地带

适宜各种植物生长的气温千差万别，无论高一点还是低一点，都无法保证其苗壮成长。日本的国土呈南北狭长的弧形，南北气候的差异很大，被分成暖地和寒地两部分。如果进一步细化，暖地又分为温带、暖带和亚热带，

寒地则可分为寒带和温带。美国农业水利部依据树木的耐寒程度，将可栽种
植被的地域划分成若干个区。图2.26系以该标准确定的日本气候区化。

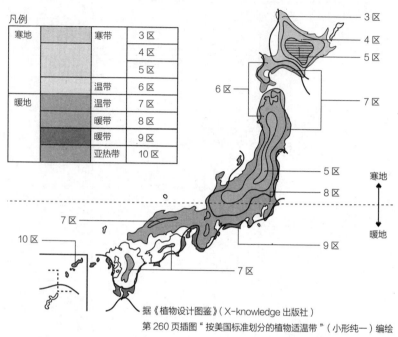

据《植物设计图鉴》(X-knowledge 出版社)

第 260 页插图 " 按美国标准划分的植物适温带 " (小形纯一) 编绘

图2.26　日本植被适宜生长地带与暖地·寒地区域等级划分

按最低适宜温度划分的植物耐寒性 表2.9

气候划分		区划	平均最低气温	树种	可越冬主要树种
寒地	寒带	4区	-34.5~-28.9℃	针叶树	偃松、落叶松
				阔叶树	七度灶、山茱萸、水曲柳
		5区	-28.9~-23.3℃	针叶树	红豆杉、日本落叶松、龙柏、五针松、德国桧、美国岩柏
				阔叶树	槲、鸡爪枫、梅、槐、桂、辛夷、山茱萸、四照花、山毛榉、木槿、紫丁香
	温带	6区	-23.3~-17.8℃	针叶树	赤松、丝柏、贝塚伊吹、花柏、杉、罗汉柏、扁柏、公主桧、冷杉
				阔叶树	马醉木、犬四手、野茉莉、柿、木梨、小橡子、百日红、东亚唐棣、中国七叶、日光槭、山法师、髭脉桤叶树
暖地	温带	7区	-17.8~-12.3℃	针叶树	犬黄杉、雪松、比翼丝柏
				阔叶树	木槲、月桂、茶梅、石榴、白柞、冬青、合欢、蜡木、柊木槲、乌饭、蓝莓
	暖带	8区	-12.3~-6.6℃	针叶树	罗汉松、中国罗汉松
				阔叶树	青冈栎、橄榄、枸骨、铁冬青、珊瑚树、弗吉尼亚栎、日本女贞、费约果、厚皮香、山桃、迷迭香
				特殊树木	芳香棕榈兰
		9区	-6.6~-1.1℃	特殊树木	棕榈竹、加那利椰、斑纹白蜡
	亚热带	10区	-11.1~-4.4℃	特殊树木	旅人蕉

2.2 人文环境调查

在通过自然调查进行设计时，由于植被以及与气象和土壤相关的要素分布的范围很广，因此存在这样的可能性：该地域内的景观设计基本雷同。假如再进一步调查当地出现的事相和有关的人，或者会发现与自然调查结果完全不同的侧面，以致可给景观设计增添某种特色。相对于自然环境不变要素这样的硬件基础，人文环境则成为延续过去历史、如今仍在不断变化的软件基础。

2.2.1 历史

历史的调查采用文献调查方式，多半从地方政府的资料室、图书馆和博物馆收集所需资料。有的时候，也可以阅览地方政府的网页。历史由古至今，跨越的时间很长。斟酌设计对象时，重点是要将各种主题元素汇聚起来。不仅是对象地块，甚至对整个地区及其周边都要进行调查。在现场调查中，调查对象应包括其周边自古就有的神社佛阁、建筑、石碑、道路、桥梁和水渠等各种人造物。

图2.27 主要采用文献调查方式进行的例子

2.2.2 文化史

　　关于文化史，主要采用文献调查的方式；不过，要对现有状况做深入细致的了解，有时亦应进行问卷调查。涉及文化领域要调查的项目，诸如与人口有关的问题、产业问题，以及对居民的意向调查等，可通过地方政府公布的《○势要览》（在○内填入町、市、区等行政单位名称）和定期发行的期刊来进行调查；如系都道府县级单位，也可以通过理科年表来调查。

　　至于人口方面的调查内容，包括人口的增减、代际结构、居民户数和男女比例等。与此同时，还要调查对上述各项未来数值加以预测的资料。

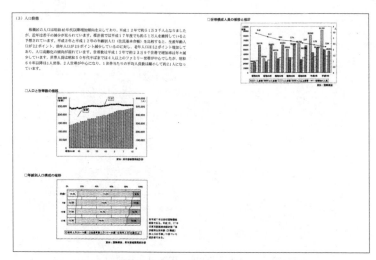

图2.28　通过文献调查汇总的人口数和居民户数实例

产业与人口一样，也是文献调查的主要项目。调查内容包括该地区的主要产业、各种产业的业户数、产业的演变及其发展趋势等。

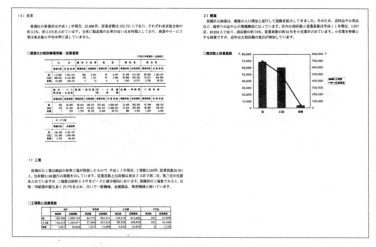

图2.29　通过文献调查汇总的产业状况实例

2.2.3　城市基础环境

城市基础环境系指道路、电气、燃气这些基础设施和学校与机关等公共设施的状况，以及公园和绿地那样的植被分布状况。

要调查某个地区现有的水、电、气和交通通信等方面的状况，可采用文献调查和现场调查两种方式。文献调查，可通过造访电气方面的各供电公司、供水方面的水道局和燃气方面的各燃气公司来进行，然后再到现场核实确认。关于电气，因各地方政府往往都在计划引进天然能源，故也有必要向他们了解相关情况。近些年来，通信是属于变化剧烈的领域，故而应向电信公司和光缆公司等了解当地这方面的现状。

要了解道路、铁路和公交等交通方面的状况，可分别采用文献调查、问卷调查和现场调查等方式。关于道路，还应调查在通行量、拓宽和新建等方面未来有何计划。在铁路和公交领域，各个车站的上下乘客人数和停靠班次等利用状况也是重要的调查内容。有时，还应对利用者进行民意测验和问卷调查。

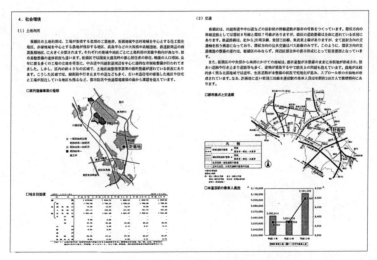

图2.30　对铁路和公交调查的结果实例

关于公共设施的分布状况，可通过各地方政府公开的地图和网页等进行检索。

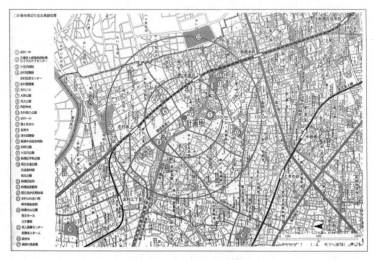

图2.31　公共设施分布图例

Chapter 3

规划手法

在做过基础调查之后，便可依据调查结果开始进行规划设计。规划步骤按照从简到繁的顺序（图3.1），研讨如何确定整体的方向性。在考虑规划地块范围内的用途及其设计效果的同时，再逐步将其划分成小的单位，以最终确定详细设计方案。在规划设计过程中，不仅要考虑规划地块部分，还必须顾及其周围区域。

3.1 | 绘制现状图

关于规划场所的实际状态，应根据基础调查获得的资料，绘制出现状图和现存植被图。图纸的比例视规划地块的大小而定，一般可按1/200～1/500绘制。如果采用1/500～1/10000的比例，也能够表现出规划地块及其周边的状况。现状图大致相当于测量图，图内标注着边界尺寸、方位、基准点、现有结构物、排水及电气设备、标高、地面铺装材料和植被等。

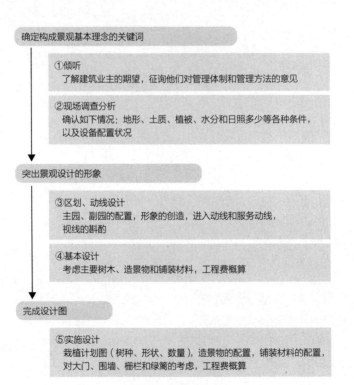

图3.1 规划步骤

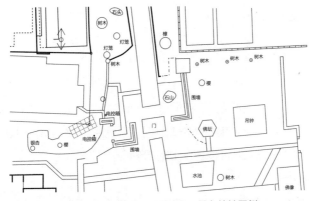

图3.2　现状图及其周边图、现存植被图例

如果在现状图中写上一些基础调查的具体内容或粘贴几幅表现该场所主题的照片，会有助于对地块现状的理解。

3.2 │ 制定基本方针

首先整理调查结果中的各项占地要素，再将所依赖的要件作为基础，逐步形成基本方针。在要件整理阶段，应对公园和街道等场所予以关注。这些场所的利用者是多数或者不特定的多数，利用者的年龄结构从孩子到老人，代际跨越很大。因此，在由设计者和地方政府负责人共同决定方针的情况下，有时并没有反映利用者的意见。最好的办法是，在制定方针过程中，面向该设施相关者的整体广泛征询意见，以期获得适当的建议。不过，因为向全部相关者征求意见是件很困难的事，所以亦可采取问卷调查、民意测验和座谈会等方式。通过采用使利用者的意见得到反映的手法，建成的设施对利用者具有吸引力的可能性也会大大提高。

3.2.1 座谈会的必要性

　　征求有关人员意见的方法之一，是召开座谈会。譬如，在规划街区公园时，设想实际都有哪些人可能利用这座公园，再将这些人和公园的管理人员召集在一起，征求他们的意见，了解他们究竟希望建造一座怎样的公园。参加座谈会的人不是专家，从未建造过公园，不可能马上描绘出他们心中理想的空间，因此要随着项目的进展，分阶段地征询大家的意见。

● **座谈会的步骤（公园的场合）**

　　①利用者集中起来，做自我介绍→了解公园的利用者都是什么人；

　　②讲述自己喜欢和不喜欢的公园→具体形象的共识；

　　③实际去建有公园的场所→了解规模及其周边环境；

　　④到各种各样的公园做调查→供实际设计参考；

　　⑤归纳各种意见→确认这正是自己所要的公园。

图3.3　座谈会场景

　　座谈会是一项有很多人参与的活动；不过，即使只有设计者和雇主在场的情况下，最好也同样畅所欲言，并且能够反复多次地进行。

3.2.2 区划

　　以现状图为基础，通过区域类型研讨项目定位的大致方向。各分区的名称，则由利用形态和利用功能导出。

● 区划设定例

以规划公园的场合为例，在进行区划时，可考虑采用下面的分区名称。

- 入口区：由正面出入的区域。亦是公园的脸面。设在公共交通设施和车辆等易进入的接驳部分。
- 设施区：利用者靠近或使用的设施。例如公园，尚包括厕所和更衣室等。另附管理者所用设施。还包括与利用者房间相同的作业场所，以及办公室等。最好距入口区较近，坐落在易于识别的位置。
- 游乐场区：配设游乐器具的场所，可游玩的广场。设在可保证安全的场所。而且，安排在孩子们的大声喧哗不会对周围造成影响的位置。
- 植被区：如系原有植物，应做标记。设置在区与区的相交处，或者用来遮隐周围景色和作为栅栏使用。有时也作为景色展示。
- 服务区：用于存放管理者车辆和各种工具，以及进行某些后台作业等。选择位置与设施区相接、又不易为利用者看到的地方。

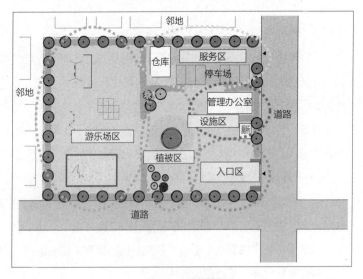

图3.4　区划图例

● 确定区划的三要素

确定区划的三要素分别为功能、现状和周围环境。

①功能

众所周知，作为写文章时的要素，会让人联想到"什么人"、"做什么"、"在哪里"、"为什么"和"怎么做"，即所谓5W1H［即"目的"（Why）、"对象"（What）、"地点"（Where）、"何时"（When）、"人员"（Who）和"方法"（How）。原文此处没有提及"何时"（When），实际成了4W1H。——译者注）］。同样道理，我们也能够从这6个视角来研讨空间功能的构成要素。

功能举例   表3.1

功能	举例
何时	什么时候、每日、根据季节、每年、节日期间
什么人	孩子、大人、老人、女性、男性、日本人、动物（宠物）
做什么	游乐器具、运动设施、休憩设施、服务设施（卫生间、饮水器等）、植物、景观设施（喷泉、水池、庭园等）
在哪里	入口处、广场、通道、水边、假山
为什么	因为想做、依据法律规定、为了提高效率
怎么做	步行、骑自行车、驾驶管理用车、坐着、携带他人

作为研讨功能的例子，可列举出以下几种。

- 何时：经常使用的设施和空间应配置在容易接近的场所。一年仅用几次，或者只用来举行各种活动的空间，最好远离通道。

- 什么人：由于儿童利用的场所比大人的行动范围要小得多，空间会变得很紧凑，因此不可将其设在危险场所附近（例如，车辆来往频繁处和水边等）。低学年和高学年儿童的游戏和运动的内容应有区别。老人空间则要设在步行距离短、易于到达的场所。

- 做什么：选择最容易利用，或可能被利用的设施。其周围的功能也要完善。

- 在哪里：了解易于利用的场所和易于管理的位置。

- 为什么：考虑到无障碍化的要求、景观眺望的需要、与消防部门的协议、管理者的意向、工程费用问题。

- 怎么做：研讨步行空间的规模、设置自行车专用道、管理车辆的出入、举办活动时服务车辆的出入。

② 现状

假如无视现状来营造各种设施和空间，那是很容易办到的事。但结果是，某些设施可能没等使用就被弃置了，然后再购入新的设施替代之。这无论从经济角度、还是从环保角度上看，都是一种低效浪费的做法。尤其在土地整理方面，一旦计划有大的改动，或者大量表土被挖掉，或者填土平坑，都可能因水流和日照的改变，造成生物消失的后果。因此，我们必须充分利用自然形态来实施项目计划。此外，因为现状中的水系（水流、泉水）和植物一旦消失，多半都很难恢复，所以在处理时要慎之又慎。在实施计划过程中，仔细了解现状，充分利用现场的一切，展现当地的特色，十分重要。

图3.5　保护现有材料设施的活动（久未绿地）

③ 周围环境

左右区划设定的另一个重要因素是，规划地周围的土地如何利用。火车站和公交站等接入点位于何处，是否考虑到流动人员的构成，自主干道接近公交车的方式等，都关系到停车场位置的选定。商业街、学校和幼儿园等公共设施的位置也影响到人流的多少。绿地、公园和庭园等绿色环境，则与绿

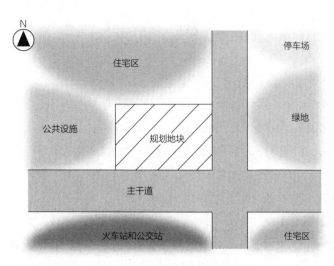

图3.6　标画出周边环境的区划图

色连续性、空间连接和景观眺望具有相关性。如果住宅区比较宽敞，人们夜间利用可能会有噪声，配置时应该使之远离。

④其他要素

近年来，出于维护环境的考虑，往往会将某个地方空置着，只对旧有的遗迹进行修复和复原。为了能够加入这类要素，做些基础调查、民意测验和意见征询等工作，也是十分必要的。在绘制区划图时，如果只是将目光局限在项目地块的范围之内，那并不难；但要了解和把握周边，或从远处眺望这里的景观效果如何，有时就必须使区划图的绘制放在更广阔的背景下。

3.2.3 动线设计

构思人和车等的动线设计时，应以区划图作为基础。动线分为连接区与区的动线和经区内通过的动线。人的动线又分为利用者动线和管理者动线。同样，车的动线也有利用者动线和管理者动线两种。在图中画出的动线要选用不同的颜色和各种线条，以易于辨识。而且，在利用者较多的部分，画的动线线条要粗些，使其较为醒目。

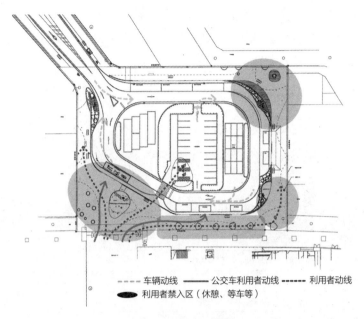

----- 车辆动线 ——— 公交车利用者动线 ------ 利用者动线
● 利用者禁入区（休憩、等车等）

图3.7　站前广场的动线图

● **利用者动线**

利用者动线应在图中标出如下内容：通向最近公共设施（火车站、公交站）的路径引导区，以及连接各设施与空间的捷径。依据占地规模的大小，可分为全部捷径一览无余和最短时间内环游一圈两种情况考虑。若是公园之类，往往还要斟酌儿童和成人等利用者不同年龄段的因素。

● **管理者动线**

管理者动线与利用者动线存在重合的部分。有时为便于着作业服和持工具行动，动线的设置要与利用者分开。此外，还应标出夜间出入和清扫作业等与物业管理有关的动线。

● **车辆动线**

在图中绘制周围道路状况时，要标出利用者车辆的出入口。有的部分，利用者车辆与管理者车辆是重合的；但是，夜间出入口、垃圾处理车辆出入口、运输车辆出入口、场地设施及绿地等的管理和维修处理出入口，应该统筹考虑。

3.2.4 详细设计

在确定区划和动线之后，接下来就要开始各个空间的设计，而配置在室外空间的设施，若以公园为例，可列举出如下这些。

公园内的主要设施　　　　表3.2

项目	内容
植物	树木、花坛、绿地
园路、广场	步道、车道、园路、管理用通道、阶梯、坡面、广场
修景设施	碑石、流水、水池、喷泉、瞭望台
休憩设施	休憩所、亭子（水榭）、长椅类
游乐设施	游乐器具、沙坑、涉水池
运动设施	各种球类场地、运动场、游泳池
科普设施	动植物园、露天剧场、观察小屋
方便设施	厕所、饮水器、卖店、各种标识
管理设施	栅门、照明、给排水设施、垃圾收集所、车挡、停车场
其他	自然生长设施

各种设施系以区划和动线图作为基础，按适当大小配置起来的。关于配置，则应从以下两个方面考虑：一是利用的便捷性、安全性和功能是否符合法律规范；二是可营造出优美的景观效果。

● 植物

有必要研讨这样的问题：是充分利用现有树木，还是采取移植之类的手段。是营造近于自然林的绿地，还是营造修景的绿地？或者要造出植物可随季节变换的花坛？对于相关的管理手法，亦应根据试图营造的植物空间形象加以研讨。

● **园路 · 广场**

　　园路宽窄应根据步行形态设定。因此，对于究竟是设步行者专用道，还是使园路由行人与自行车共用，也是应该研讨的内容。为便于轮椅和儿童车通行，应避免设台阶和坡道。即使有坡度，也要很徐缓；路面的铺装也要平整且防滑。

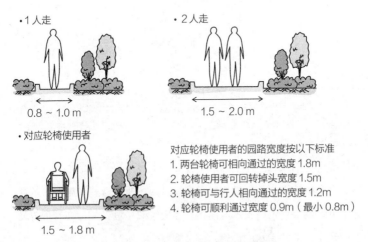

　•1人走
　0.8 ~ 1.0 m

　•2人走
　1.5 ~ 2.0 m

　•对应轮椅使用者
　1.5 ~ 1.8 m

对应轮椅使用者的园路宽度按以下标准
1. 两台轮椅可相向通过的宽度 1.8m
2. 轮椅使用者可回转掉头宽度 1.5m
3. 轮椅可与行人相向通过的宽度 1.2m
4. 轮椅可顺利通过宽度 0.9m（最小 0.8m）

图3.8　不同步行形态所需要的园路宽度
（据《东京都福祉道路营建条例设施整备便览》，2009）

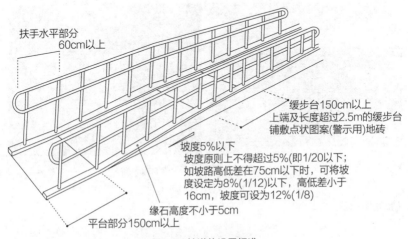

扶手水平部分
60cm以上

缓步台150cm以上
上端及长度超过2.5m的缓步台
铺敷点状图案(警示用)地砖

坡度5%以下
坡度原则上不得超过5%（即1/20以下）；
如坡路高低差在75cm以下时，可将坡
度设定为8%(1/12)以下，高低差小于
16cm，坡度可设为12%(1/8)

缘石高度不小于5cm

平台部分150cm以上

图3.9　坡道的设置标准
（据《东京都福祉道路营建条例设施整备便览》，2009）

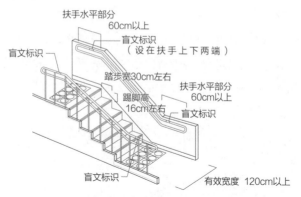

扶手水平部分
60cm以上
盲文标识
（设在扶手上下两端）
盲文标识
踏步宽30cm左右
扶手水平部分
60cm以上
踢脚高
16cm左右
盲文标识
盲文标识
有效宽度　120cm以上

图3.10　阶梯的设置标准
（据《东京都福祉道路营建条例设施整备便览》，2009）

● **修景设施**

　　虽然碑石、水设施、凉亭和景石等并非不可或缺，但是因其具有扩展空间和愉悦身心的效果，故而最好配置在醒目的场所。这些设施造价较高，在维护管理上也需要一定的技术。因此，亦应考虑尽量将其设在管理方便、容易照看的地方。但凡有水的设施，便可能发生儿童溺水之类的事故，并且对水质管理也有一定要求，所以在配置上更应慎之又慎。

图3.11　修景设施例：凉亭（棚架和小溪）

● **休憩设施**

　　休憩所的大小及其内部设置取决于规划空间的规模。若系小型公园，仅设长椅即可。在市区，如果长椅和休憩所过于讲究舒适，便可能被某些人长时间占用，甚至躺下来睡觉；而长椅和休憩所只是用来供人们坐下休息片刻的，其加工和布置要尽量简单些。这些均应因地制宜。虽然木制设施因有较好的触感而被人们广泛利用，但是年深日久表面会变得粗糙，有可能导致利用者受伤。因此，必须加以适当管理。

图3.12　无法躺下来的长椅设计　　　　　图3.13　亭子

亭子（凉棚）的利用率很高，可用来躲避突然的降雨，还可遮挡夏季炎热的阳光。不过，凉棚内有照明的不多，在夜间和阴雨天，亭子里的氛围让人觉得抑郁和凝重。为此，应设法将其变成一个利用更加方便、又令人赏心悦目的场所。

● **游乐设施**

公园内引进的设施，亦应随着公园规模和利用者结构的变化而调整。滑梯和秋千之类的单体游乐器具适用于小型公园；滑梯与渡桥等组合而成的大型游乐器具则应配置在中型或大型公园里。不单设置有游乐器具的场所，凡是有孩子们活动的地方，如等待上游乐器具处，都必须配置足够大的空间。类似沙坑这样的场地，往往会被宠物和流浪猫等的粪尿污染，有些地方在管理上又有一定难度。应该将有利于培养儿童创造性的游乐器具作为配置的重点。

（a）滑梯

（b）秋千

（c）大型游乐器具

图3.14   各种游乐器具

● 运动设施

　　运动设施应与规划公园的主题相配。在小型公园里若考虑设置球类比赛场地，就必须在公园周围设立护网。棒球和垒球的场地，设立的护网要高些；足球场地的护网可以低些。根据各类竞技规程的要求，应在地面铺装部分显示出各种线条和标识。在网球场地，则须考虑采用全天候的地面铺装，而且排水性良好。像网球和排球那样中央设置球网的比赛场地，还应留有埋设挂网立柱的坑洞，以及摆放比赛器具的空间等。

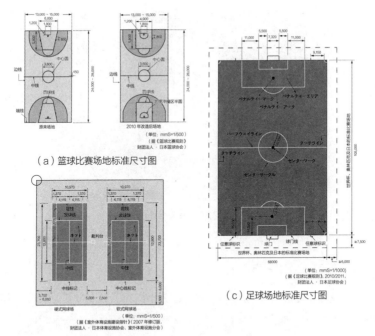

（a）篮球比赛场地标准尺寸图

（b）硬式、软式网球比赛场地标准尺寸图

（c）足球场地标准尺寸图

图3.15　主要比赛场地标准尺寸
※ 著者参照财团法人·篮球协会　资料、财团法人·日本体育设施协会
资料和财团法人·日本足球协会资料等编写

● 科普设施

　　公园内设置的动物小屋及其安放处散发的异味和传出的鸣叫声会对周围产生影响，从管理角度讲，安全和卫生显得尤为重要。因此，应该在经过充分协商之后方可配置必要的设施。在日本，观察小屋主要以鸟类为对象，若将小屋设在人们便于观察的地方，则与鸟类过于接近，反倒引起鸟的警觉。因此，小屋设在不易被鸟儿发现、用望远镜又可看清的地方最为理想。

　　露天平台和剧场也存在与动物小屋同样的问题，对安排的位置必须仔细斟酌。应确保作为管理动线的器材运输通道，以及可供多人短时间出入的动线。此外，还要配置电源之类的设备。

图3.16　露天剧场

● **方便设施**

　　卫生间如何设置要考虑到公园规模的大小。除了男女分开的形式，还应配置多功能的卫生间。最好将其布置在周围易察觉、又不太阴暗的地方。从结构布局上讲，则应便于任何人进出，一旦有事发生，撤离也很容易。

　　饮水处要设置在安全、卫生、从各个角度都很容易看到的场所。饮水器就像儿童利用的游乐器具那样，经常被损坏。因此，应选用那种易于维护、方便管理的通用类型。

　　卖店设在中等以上规模的公园内。其位置要醒目，并附设运输物品用的通道。

　　在主要园路的引导部和岔路口要设置标识。其内容一般醒目即可，若过于突出，或给人以繁杂的印象。因此，对标识板的颜色和文字的大小等亦应仔细斟酌。

● **管理设施**

　　由政府建设的公园一般都不设门栅。至于设有水设施的公园，以及周边环境特殊（闹市等）的公园是否要设门栅，则应评估后决定。设在占地边界处的栅栏，要选用易于维护的材质，其高度和通透性取决于要与邻地分隔的程度。如果要确保邻地居民的私密性，栅栏高度应在1.8m以上，这样才能真正起到隐蔽的作用。运动设施的围栏高度，则应保证球不会飞出场外。

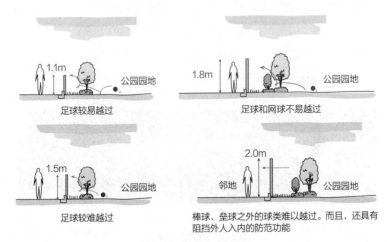

图3.17　栅栏高度示意图

为便于给植物灌溉和清理，要设置散水栓。可考虑延长输水软管让管理更加方便，但应以20m为限。

垃圾箱存在诸多问题，如混进危险物品、投入家庭垃圾和乌鸦等鸟类乱翻、乱啄。因此，必须引入适当的管理机制。有的小型公园，甚至不设垃圾箱。即使要设，也最好设在比较方便的管理通道附近。依据各地政府的规定，凡是实行垃圾分类管理的地区，还要设置多个垃圾箱。垃圾箱的结构，最好采取可防水或雨水不易流入的形式。在大型公园，有必要设置垃圾站，但因存在散发异味的问题，故应选在远离相邻住宅的位置。

停车场和自行车存放处设置与否，以及场内可存车的数量，应根据公园规模大小及其与利用者住地的距离来决定。按一般标准，一台车所占地面积约为2.5m×5.0m，自行车约为0.5m×2.0m。从道路至停车场这段路径的规划是选择场所的一大问题，如将出入口安排在车辆往来频繁的道路上，会使交通受阻。因此，必须事先与相关机构协调，以对横穿道路的人行道和信号的设置统筹安排。为限制机动车和自行车等的乱停乱占，要在园路两侧设置车挡。但是，还必须考虑留有轮椅可通行的部分。

照明的设置，使夜间园内不再漆黑一片，可让游人看清园路和设施。照明灯具部分由玻璃之类的易损材料制成，应将其安装在游人、自行车和球类等碰不到的位置。必要时，可考虑派专人巡护。安装照明的位置不宜过高，否则将使更换灯泡之类的维护作业变得困难起来。因此，选择便于管理的位置安装照明也很重要。

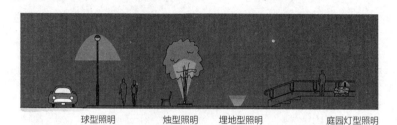

球型照明   烛型照明   埋地型照明   庭园灯型照明

图3.18　照明设施种类

以上各种照明设施应该根据各个空间的规模和用途来选配。

Chapter 4

不同种类的景观设计

如同本书第3章讲过的那样，景观设计包括的范围很广，从广场和园路，到亭子（棚架）、卫生间之类的建筑物及结构物，还有标识、照明、绿地和植物等等。

本章将就使用绿地和植物的景观设计加以阐释，并且针对不同种类的空间分别讲述其设计手法。

4.1 | 地区规划

在一个城市和地区这样较大的范围内，确定其绿色空间建设的方向性，关系到维护和改善未来的环境，可使气温变化缓和、空气洁净清新和吸引大量生物前来栖息。而且，一旦有灾害发生，绿地广场可作为避难场所；行道树和绿道则会起到阻止火势蔓延的作用，从而建成一个抗灾的街区。

每座城市都有自己的地区规划和条例，各地方政府可提出统一的绿色环境指南，以街道或以上规模为单位制定城市总体规划和绿色基本规划等。以这些基本指南作为依据，主要在首都圈制定绿化条例，做到对绿色环境进行维护，并使其成倍增长。在规模较小的城市，一些指定的地方也要制定关于景观和绿化的条例。

作为地区规划中绿色空间的景观，其目标如下。

- 认识现状：了解现有植物状况；
- 绿色维护：如何保护现有植物；
- 如何营造植物的良好状态；
- 应该移植何种植物作为景观；
- 植物管理。

下面，归纳整理出为实现这些目标应采取的方针和手段。

4.1.1 地方的绿化组织实施

各地方政府对环境保护满怀热情，积极性很高，并制定了绿化方针和条例等。因此，必须认真检查地区规划中是否有绿化的内容，都是如何安排的。

● 城市总体规划

所谓城市总体规划，系指市町村和都道府县对未来要建成一座怎样的城市而描绘的蓝图。其基本方针是，各地方政府将市民的各种意见综合起来，融入当地固有的自然、历史、生活文化和产业等地方特色，再加上创意和构想等特殊元素。而且，其内容要比一般城市规划概略得多。不过，因没有脱离一般城市规划的基本方针，故总体规划的制定仍要执行城市规划法中的基本理念和标准。

图4.1 埼玉市城市总体规划

图4.2 绿化基本规划(埼玉市)

● **绿化基本规划**

为促进市町村对绿地的维护和绿化环境，日本国土交通省在绿化基本规划中提出了未来绿化应达到的水准、实现的目标和实施的方法等。据此，便可以对绿地加以维护，推动绿化的开展，使各项计划得以实施。依据《城市绿地法》第4条的规定，规划制定的主体为市町村，制定规划过程中应征求居民的意见，并将草案公布于众。其中有如下2项基本内容。

- 绿地的维护和绿化的目标；
- 关于实施绿地维护和推动绿化的手段。

<绿化条例等>

首都圈内各地方政府对于较大规模开发项目所做的决定，基于绿色的维护、并使其成倍扩大的考虑，要确保占地范围内的绿地面积。在申报开放项目和建筑规划时，还应附带提交绿化计划书。有的地方政府制定的规划，其中不仅要确保绿地面积，还具体规定了绿地内应有的树木数量，以遏制绿地减少的趋势。

图4.3　东京都绿化指南

(http://www.kankyo.metro.tokyo.jp/nature/attachement/tebiki-all.pdf)

4.1.2　确定指导方针

地方政府等机构在已确定指导方针的情况下，则可依据方针和条例等制定本地区的绿化计划。按照本书第2章的讲述，事先要进行基础调查，以全面了解地区总体的自然环境和人文社会环境。

特别重要的是，要掌握地区规划中有关当地绿地状态的内容。对于确定指导方针来说，掌握以下项目是很重要的。

- 绿地分布状况：自然绿地、公园、绿道、行道树、旱田、水田、果树园；

- 现存植物、潜在天然植物；

- 珍稀植物、珍稀动物。

通过基础调查，才能在植物的维护、培植、利用和转用等方面逐步明确如何构成景观的要素。

例：植物所剩无几的开发部分

- 使现存少量植物得以保护的方针；

- 增加新植物的方针；

- 充分利用植物的城建方针；

- 营造植物景观理想形态的方针。

例：生长植物的郊区绿地

- 保护植物的方针；

- 植物的培育和利用；

- 植物重要性的体现。

4.1.3 具体方案及其表现手法

关于按基本方针制定具体方案及其表现手法，有以下几个要点。

● 绿色网络

在现存绿地中，耕地和菜园等在收割后绿色将消失。除此之外，类似公园生长植物部分、绿地、行道树和绿道等这些终年呈现绿色的地方，要在地图上标注出来，绘制成地区的植物现状图。这并非要将绿地和行道树以单体形式逐个描绘就算了事，而是要将各个绿色区块连接起来（形成网络），在对可重点配置植物场所加以研讨的基础上，划分出绿色建设区域，并掌控整个绿色网络。

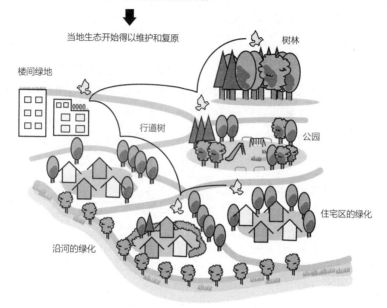

连成片的绿化形成生物栖息繁衍的自然环境

当地生态开始得以维护和复原

楼间绿地

树林

行道树

公园

住宅区的绿化

沿河的绿化

图4.4　绿色网络

● 不同区块绿色的保护及其培育手法的方案

　　树木较多的森林、水池及溪流等的岸边，对于绿化用的植物、包括动物的保护和亲近的方式正在发生变化。其维护和培育手法的方案亦应随着绿化的内容改变。

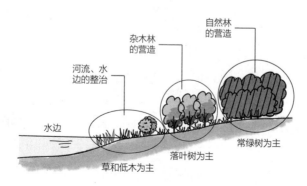

自然林
的营造

杂木林
的营造

河流、水
边的整治

水边

草和低木为主

落叶树为主

常绿树为主

图4.5　不同区块绿化方案图例

● 眼平效果绿色景观的方案

　　无论网络绿化还是分区绿化的手法，都属于俯视平面处理方案的部分，还不是视线（眼平）效果的方案，很难窥察植物配置的具体状况。为使视野中的植物重点突出，并且能够详尽了解具体的绿化效果，其营造的手法不仅要用平面图来展示，还应将其绘制成断面图和透视图等。而且，建议在这些图纸上标注具体尺寸，采取可量化手段营造实际的绿色空间。

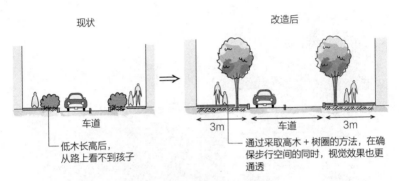

图4.6　采用断面图表现方案实例

● 维护和扩展绿色的手法

　　即使地方政府制定出基本方针，假如没有人付诸实施，最终也将一事无成。基本方针固然很重要，但现状是需要人们做点儿实事。在这种情况下，必须培养一些新人，以保护和充分利用已经完成的绿化。而且，还要与现有的市民团体合作，建立新的机制和组织形式，选出自己的领导者。如采取以下各种形式。

- 建立工作室；
- 培养园林工人；
- 设立与绿地有关的俱乐部；
- 组织NPO志愿者。

● **由当地居民复原例：南大塚东京都电车沿线协议会的蔷薇散步道**

　　从前，沿东京都电车轨道两侧围栏并无绿化带，上面覆盖着杂草和垃圾。大约在20年前，以丰岛区栽植蔷薇为契机，开始有了绿化铁道两侧的想法，移居这里的人们也逐渐增多，现在竟成了蔷薇的名所。由于得到丰岛区的支持和后援，不仅使活动长期坚持下来，而且也将植物园营造成一座相当不错的蔷薇园。

图4.7　蔷薇散步道

● **由当地居民营建例：日本桥鲜花街区**

　　所谓日本桥鲜花街区，系指名桥"日本桥"保护会·日本桥地区复兴100年规划委员会在周边町会的支持下，由国土交通省东京国道事务所及官民合作开展的一项地区美化活动（出自NPO法人花街HP）。所在街区的居民和企业，作为"沿街花志愿者"参与花坛的维护和管理工作。

　　最初，原本作为一种社会实验起步，但因受到"美化了街区"的评价，为使活动延续下去，便将"鲜花街区"实施委员会变成一种组织形式。经与国土交通省东京国道事务所协商，确定实施新的"中央大道鲜花街区花支持项目"，并于2008年4月3日获得特定非营利活动法人（NPO）鲜花街区的资格。与此同时，开始招募提供鲜花的花支持者（花服务）和给花浇水的花志愿者（水服务），植物带的管理活动也随之开展起来。

图4.8　日本桥鲜花街区

4.1.4　今后的课题

由于要处理的题材、包括植物和动物都是经年变化的，因此地区规划的植物景观设计，必须每隔5～10年调整和修订一次，以使其顺应当地人口增加、逐步高龄化和开发地域的扩大或缩小等变化。关键是要认识到，规划只是设计的一个出发点。

4.2 街道规划

新建或改建的植物景观设计均以行道树为主，以及植物随季节更替的花坛和盆栽等。除此之外，专供步行者和自行车通行、绿化植物较多的绿道设计，也是道路规划的一种。行道树和绿道，在发生火灾时可起到迟滞火势蔓延的作用，也是吸引鸟类和昆虫等飞翔动物的住处，是城市内生物栖息不可或缺的绿地。

街道绿化类似这样的功能可列举出以下6项。

① 突出景观效果的功能；

② 维护和改善生活环境的功能；

③ 遮阳绿荫的功能；

④ 交通安全的功能；

⑤ 保护自然环境的功能；

⑥ 防灾功能。

街道规划中的绿色空间景观，应将以下各项作为目标。

• 引进何种植物作为景观；

• 植物体量多大为宜；

• 怎样进行管理。

现将用以实现这些目标的方针和手段归纳起来，概述如下。

4.2.1　街道的构成要素

关于街道的设计，应在与城市规划和土木道路规划制定者协商的基础上，再根据用途地块或现有街区的状况，计算或推测出车辆和行人的交通流量，并考虑到各个街道的不同特点，最终确定街道的宽度和构成要素。作为街道的构成要素，除了最基本的路面铺装外，也包括设施类的行道树、车挡（安全岛）、路灯和标识等。如电缆埋设地下时，主要就是分电盘。此外，在某些场合还设有公交车停靠站、长椅、垃圾箱、雕塑小品类修景设施和饮水器等。这些设施与所在街道形成怎样的关联，将决定行道树的形态和种类。最好将步道宽度设为1.5m以上，绿化带的宽度亦应确保不小于1.5m。实际上，若配植低木和地被的话，绿化带宽度设为20cm即可。至于车道宽度，如规模较大者，有时可在其中央设绿化带，并确保车道宽度不小于1.5m。

图4.9　银座的柳树行道树
是行道树的发祥地

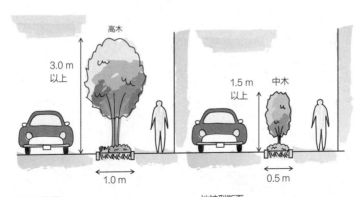

图4.10　道路断面图

4.2.2 行道树规划

● 设置场所

通常，街道都会采用在车道两侧设步道的形式；但因场所的不同，也有仅在一侧设步道的事例。此外，在设有自行车通行部时，又分为两种情况。一种是在步道内分设步道空间和自行车空间；另一种是将自行车空间配置在车道部分。树木和绿化带多半都作为步道与车道的分道线来配置；不过，也有这样的情况：假如步行者道和自行车道均被配置在步道之内的话，树木和绿化带则成为它们之间的分界。

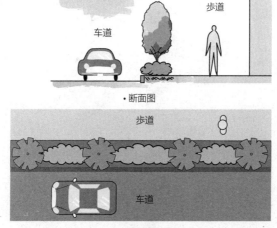

· 断面图

· 平面图

(a) 车道、树木和步道三者之间的关系

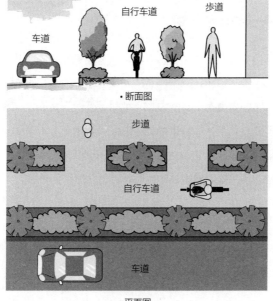

· 断面图

· 平面图

(b) 车道、自行车道和步道三者之间的关系

图4.11　步道断面图

图4.12　车道内自行车专用道（世田谷区）　　图4.13　步道内自行车专用道（世田谷区）

4.2.3 关于绿化带宽度

　　日本道路协会鼓励新建项目将植物带的宽度设在1.5m以上。然而，现实情况是，大多数道路为确保宽度1.5m以上的步行空间，而将植物带压缩到1.5m以下。植物若为高木（高度3m以上的树木）时，最好确保植物带宽度在1.0m左右；若仅栽植低木（高度不低于0.3m的树木）和地被（高度0.2m左右的宿根草、低木和攀缘植物）的话，其宽度则可设在0.2m左右。在东京都狭窄的步道空间，也采取以攀缘植物作为栅栏的立体绿化手法。

图4.14　绿化栅栏型的植物带
利用常青藤

　　下面由东京都建设局绘制的道路工程设计基准图，包括从高木到地被不同种类植物的绿化带宽度，其中标示了栽植高木的位置。

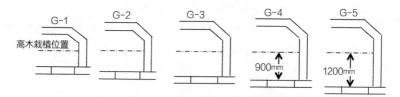

图4.15　步道植物带栽植高木位置图

步道植物带高木配植类型　　　　　　表4.1

植物带	植树宽度	配植类型
G-1	0.76 m	原则上，除高木（行道树）外，以连续栽植的低木作为绿化带；但亦可将草皮之类的地被植物与低木混合栽植。而且，除中木有时须考虑是否有碍视距外，其余植物均可栽植
G-2	1.06m	
G-3	1.37m	除高木（行道树）外，可将草皮等地衣类与低木混植、群植和连续栽植，或可加上中木，以实现多层次配植。另外，利用图案栽植和修剪等手段所做的植物造型之类，可实现有规律而又自然的各种配植
G-4	1.67m	
G-5	1.97m	所做的配植应注意到，确保未来由高木（行道树）形成足够大的绿色体量。可采取落叶树与常绿的高、中、低木，以及草皮等地衣类混合栽植的多样化配植形式

4.2.4 高木的间距

在高木作为行道树配置时，其彼此之间的距离（间距）为7~8m。然而，假如树木生长得过于茂密，若采用这样的间隔，多半都要在管理过程中频繁地修剪。树木的间隔，在很大程度上取决于想让树木长到多大为止。像榉和吉野樱那样高大的树木，也属于叶展丰茂的类型，在横向和竖向都显得很突出。因此，必须考虑其树高长到何种程度合适。排列着高大榉树的表参道（东京街头时装店聚集地之一，距涩谷不远——译者注），那里的榉树似乎长得很慢，部分树木的间距达到15m。其余按照间距7~8m的规定配植的树木，多半都选用类似叶展较小的武藏野榉那样的品种。

车道数与树高（高木长成时）之间的关系   表4.2

道路单侧车道数	树高（成树）	备注
3车道	8~10m	·高木树高原则上应超过车道单侧宽度
2车道	6~8m	·应注意到，因树形不同，树高、枝下高和树冠径三者的平衡状况亦各异
1车道	4~8m	·高木树高系以成树为准

树木间距标准和枝展标准　　表4.3

项目	树高	卵形 (2~3 / 1)	圆锥形 (2.5~3 / 1)	椭圆形 (3~4 / 1)	高脚杯形 (2.5~3 / 1)	伞形 (1.5~3 / 1)	椰形 (2~3 / 1)
树间距标准	4~6m	4~6m	3~6m	5~8m	5~8m	5~8m	4~8m
	6~8m	5~8m	5~8m	4~8m	7~10m	7~10m	6~10m
	8~10m	6~10m	5~10m	9~13m	9~13m	9~13m	8~13m
	10m以上	7m以上	6m以上	11m以上	10m以上	10m以上	10m以上
树高与冠幅	6.0m	3.0m	2.5m	—	2.5m	4.0m	—
	5.5m	2.5m	2.0m	—	2.0m	3.0m	—
	5.0m	2.5m	2.0m	1.5m	2.0m	2.5m	2.5m
	4.5m	2.0m	1.5m	1.2m	1.5m	2.0m	2.0m
	4.0m	1.5m	1.5m	1.0m	1.5m	1.5m	2.0m
	3.5m	1.2m	1.2m	0.9m	1.2m	1.2m	1.5m
	3.0m	1.0m	1.0m	0.8m	1.0m	1.0m	1.2m

（出自《国土交通省中部地区整备局道路设计要领》）

4.2.5　绿化的构成

　　如上所述，街道的绿地多以连续栽植、并与道路平行的植物带为主。若系宽度较大的植物带，为使其形成绿色丰盈的空间，一般都将高木、中木和低木混合栽植。

图4.16　植物带断面图例

在步道空间狭窄、往来行人又较多的场合，往往不再另设需要专有面积的带状植物带，而是以保护圈覆盖树木根部，使行人可从树下通过。需要注意的是，在道路交叉点附近和车辆出入频繁的停车场附近，绿化植物的体量大小应以不遮挡行人和驾车者的视界为限。

图4.17　使用树木保护圈的步道断面图

4.2.6　树种的选择

直到几年前为止，四照花还是行道树的流行树种。理由是，春季开花，秋季有红叶，作为观赏植物具有很多优点，而且又便于管理。从管理的角度看，则有如下优势：其叶根较粗壮，不易脱落；因不会长得很大，故亦不太需要修剪；与樱一类的树木比较，也很少发生病虫害等。然而，近些年来，由于白粉病等病虫害的流行，使得四照花也出现不能很好生长的问题。如此一来，在树种选择方面，以下各项就成为关注的重点。

- 管理比较简单（较少发生病虫害，修剪次数少，叶和花不易脱落等）；

- 观赏价值高；

- 耐干旱、耐大气污染；

- 可融入当地历史文化氛围。

图4.18　四照花行道树（东京都港区）

有代表性的行道树　　　　　　　　　　　　表4.4

	常绿树	落叶树
高木	土松、乌冈栎、铁冬青、黑松、樟、斑白蜡、白柞、鳄梨、山桃	银杏、梧桐、榉、辛夷、垂柳、染井吉野樱、红桧、冬槭、七度灶、四照花、法国梧桐、枫香、百合
中木	犬黄杨、木樨、茶梅、山茶类、红花金缕梅、	木槿
低木	大花六道木、石岩杜鹃、紫杜鹃、矢车菊、海桐花、芦荻、平户杜鹃	八仙花、麻叶绣球、绣线草、满天星、珍珠绣线菊、连翘
地被	多福南天竹、富贵草、紫金兰、紫金牛、沿阶草、卡罗来纳茉莉、金银花、乌罗、常青藤	高丽草、结缕草、细叶结缕草

4.2.7 在街道绿化之外

我们都知道，将植物带作为街道绿地设置可起到环保和安全的作用，但有时出于简化管理和建筑景观优先的考虑，也可能不设植物带。不着一点儿绿色，也是景观设计的理念之一。尽管如此，在管理所及的范围内，通过建立市民能够参与的机制，也可使花坛和栽培箱的设置成为可能。

另外，由于花坛和栽培箱容易干燥，因此浇水则成为管理上较大的负担。而且，只有花谢时立刻被摘除，下一茬花才容易结蕾，这需要周到细致的管理。为此，有必要将这种限定季节的非常设管理委托给市民和民间来进行。

图4.19　路灯上加装饰的丸之内仲街
（摄影：半田真理子）

4.3 广场

广场可分为站前广场、公园内广场和市区的街心广场等多种。无论新建或改建的广场，其植物景观设计中营造的绿地都最好不要妨碍广场的功能。作为广场的功能，可列举出如下4种。

① 增强景观效果的功能；

② 形成绿荫的功能；

③ 保护自然环境的功能；

④ 防灾的功能。

因广场经常汇集着不特定数量的人，故必须考虑作为绿色空间的景观选配哪些植物合适，管理又该怎样进行。

图4.20 熊本车站白川出口（东出口）广场

4.3.1 广场的功能及其绿化

广场被人们用来休憩（观赏、等人、休息）、活动和运动等。在经常进行运动和举行活动的广场上，没有必要配植较多的绿色植物。只要能够将运动的人与行走的人分隔开来便可以，假如再有些绿荫为休息的人遮挡炙热的阳光就更好了。不过，类似赏花广场那样以植物为主的空间，则应全面地加以绿化。

图4.21   赏花广场（福岛县三春町）

4.3.2 营造绿荫

关于作为集会的人与行走的人二者分界线的植物带，可参照本书4.2节"街道规划"的内容。在烈日炎炎的夏季，人们聚集在一起时，很需要绿荫遮挡日晒。假如用亭子那样的结构物形成一个阴凉的场所，到了冬天又会遮挡人们祈盼的阳光。最好的办法就是用冬季落叶的树木作为夏季的绿荫。可以说，要形成这样的绿荫，落叶树是先决的条件。而且，为了便于人们靠近树下，选择那种没有下枝的大树尤为重要。

适于作为绿荫树的树种有，朴树、榉、榆、悬铃木、糙叶树和山樱等。

图4.22 榉树绿荫(东京都港区)

草坪广场

有一种广场，表面全部为草皮覆盖，既不会使铺装面温度上升，又可使气候温暖和大气含氧量增加，还可能成为小动物的栖息地。最近，在小学校园等处营造草坪广场的逐渐增多起来；但管理不善也成为常见的问题。由于广场地面采用草皮这样的植物铺装，因此在利用和管理等方面就有诸多问题必须考虑。草皮喜爱阳光充足、排水良好的环境。设置草坪广场的场所应具备如下条件。

- 终日为阳光照射的地方（每天最少5小时以上）；
- 土壤排水良好的地方（否则应加以改良）；
- 避开人员频繁出入的地方。

也有像足球场和棒球场那样铺草皮的运动场地。不过，都少不了周到细致的管理，如草皮的养护和更新等等，只有这样才可使绿色的草坪得以维持。类似公共空间那样人员频繁来往的场所，则不适宜设置草坪。草坪最好与人员通行部分严格分离。虽然人们普遍认为草坪可以吸收水分，但是如果遇到强降雨也不会很快将雨水吸干，草坪表面汇集的雨水亦将肆意横流。因此，草坪广场亦应设置适当的坡度，使雨水不致积存于草坪表面。而且，草坪建成后必须立刻进行养护，3~6个月之内人员不得踏入。

草皮分为日本草和西洋草，日本草是一种到了冬天叶子便会枯萎的夏型草；西洋草则有冬季叶子枯萎的夏型和冬季叶子常青的冬型两大类。

图4.23　长冈市民防灾公园的草坪广场

各种有代表性草皮的特点　　　　　　　　表4.5

	季节成长型	植物名称	特点	日本适用地区
日本草	夏型	高丽草 小叶高丽草	耐寒稍差，一般用于公园草坪	关东以南
		结缕草	日本自生草种，草体粗壮	关东北以南
西洋草	夏型	百慕大草	常被用于世界各暖地处。生长旺盛	关东以南
		圣奥古斯丁草	适于冲绳那样十分温暖的地区生长。看上去叶大体壮	关东~关西南地区、四国~九州沿岸地区、冲绳、小笠原诸岛
	冬型	肯塔基六月禾 早熟禾 高狐草	耐寒性强，若夏季不是很热，可维持终年常绿	北海道~关东北以北地区

4.3.4　赏花广场

在赏花的场合，如樱和梅之类开花的植物均喜日照，故应将其配植在阳光充足的场所。说到赏花广场中的鲜花，樱花应该算是第一标配吧。樱花中常见的品种是吉野樱花；不过，也要注意到各地不同的品种，如北海道的虾夷山樱和冲绳的彼岸樱等。

　　为便于观赏类似梅那样个头较小的高木，配植的适宜间距为3～5m；而要观赏吉野樱那样大个头的高木，配植的间距应拉长至10m左右。在一开始便没有引入大树形树种的情况下，可先按5m左右的间距配植，然后再进行疏苗。至于地面的处理，固然可以维持原来的土质形态，但是最好将其变成容易吸收雨水的草皮。如果从确保步行空间和便于管理的角度出发，将地面覆以混凝土或沥青的话，则应在树木可充分吸水、行人和自行车等不会伤及树木根部方面下些功夫。

图4.24　赏花广场(弘前)

4.3.5 站前广场

　　站前广场内分布着与交通有关的主要设施，如公交停靠站、出租车乘降站和普通车停车场等。站前广场使连接以上设施的动线空间化，还是众多利用者聚集在一起举行各种活动的场所和等待空间。作为植物景观的一种，有必要将其装点成绿色的空间，以渲染出整个街区的绿色面貌。树木在夏季里往往会形成遮阳的绿荫，因而带来绿荫树的功能。为了改善街区的面貌，应该选择那些对街区的环境和文化具有象征意义、并且在管理上又不太麻烦的树种。如果植物带靠近动线，为了不对行人和车辆构成障碍，在被用作通道的部分，应配植无下枝的高木。在站前广场的休憩空间和等待空间，只要做到目光所及的范围内满眼绿色，也一样让人心情愉悦。最近，开始配置一些由市民自己管理的花坛和栽培箱等。这样一来，便会营造出从春到秋都五彩缤纷的空间。

图4.25　由市民自己管理花树的沟之口车站前

4.3.6　运动广场

运动广场上因有多人聚集，加之活跃多动，很容易发出噪声，故不应将其设置在靠近住宅区和医院等环境安静的场所。如不得已而为之，则可在二者之间设置绿地带作为缓冲区。因系以运动为主要目的的广场，为不使落叶之类影响人们的活动，对运动场的绿化几乎没有必要。不过，可在运动场与其周边部分的分界处，以及休憩空间进行绿化，或将地面铺成草坪。作为边界的绿化，应以落叶少、被物体撞击不易折断的常绿树为主。

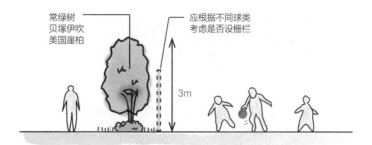

常绿树
贝塚伊吹
美国崖柏

应根据不同球类
考虑是否设栅栏

3m

图4.26　运动场边界断面例

可用于运动广场边界绿化的主要常绿树种　　表4.6

	植物名称
高木、中木	贝塚伊吹、美国崖柏、青冈栎、犬黄杨、乌冈栎、光叶石楠、珊瑚树、白桦、正木
低木	矢车菊、海桐花、芦荻、平户杜鹃

用于休憩场所的绿化，可参照本书4.3.2节的绿荫树设置。

作为运动场地使用的草坪广场，都需要一定的养护时间才能使草的叶和根茎壮生长。为此，必须进行严格的管理。在利用频次很高的场合，以不设草坪广场为宜。

<运动场地常年保持绿色的方法>

足球正规比赛使用的草皮场地，为了能够常年保持绿色，要栽植夏型和冬型两种草皮。在夏型草播种即将结束时，如同披外套一样，再播撒一层冬型草的种子。这样，到了冬季，虽然夏型草枯萎了，冬型草却呈现出绿色。这个"披外套"混播的时机和割草期时段的把握很是重要，而且不是几句话就能讲清楚的。另外，每次比赛之后，场地的草皮都会严重受损，必须加以修补。由于比赛场被看台围绕着，有的方向日影很长，往往会影响到草皮的正常生长。从管理角度着手，在这样的地方应该多栽植一些即使日照不足亦可成长的冬型草。

图4.27 体育场的草坪

4.4 | 公共设施

公共设施系指政府机构的办公场所、公民会馆（社区中心）、图书馆、美术馆、档案馆和学校等。作为这些设施的植物景观，应确保利用者和管理者的动线，并且室外景观的配置亦要考虑到各个设施内房间的不同用途。设施的入口处，多被作为植物景观重要的设置空间。尽管此类景观的功能因设施的不同而各异，但大致可列举出以下5种。

① 增强景观效果的功能；

② 维护和改善生活环境的功能；

③ 形成绿荫的功能；

④ 保护自然环境的功能；

⑤ 防灾的功能。

公共设施多半都是不特定多数人汇集的场所，为使人们能够平等地利用公共设施，应该将作为景观的绿色植物配植在何处，又要怎样进行管理，便成为重要的课题。

沿着这一思路，下面将就各类公共设施的植物景观分别加以阐释。

4.4.1 政府机构

建筑物周围均有绿地，但以入口处为主。重点栽植可代表当地形象的花树，以及那些绿化推荐的花草树木。在做景观设计时，应根据建筑物的高度和体量来确定树木的高度、枝展和密度。若系举行各种活动的广场，可参照本书4.3节"广场"的内容，配置可供市民休闲利用的花坛和绿荫空间。

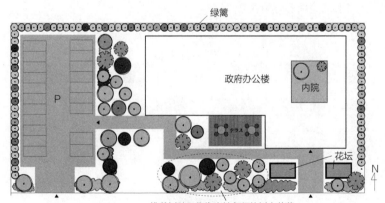

图4.28　政府机构绿化示意图

图4.29　植有区树的世田谷区役所

● 市树、市花

各地多半都有自己指定的县树、县花，或者市树、市花。这些花树，也被大量用做行道树和配植在公园里。

重点县市的树和花　　　　　　　　　表4.7

县市	树	花
东京都	银杏	吉野樱
群马县	黑松	日本杜鹃
埼玉县	榉	樱草
神奈川县	银杏	山百合
藤泽市	银杏	紫藤
千叶县	真木	油菜花
长野县	白桦	龙胆
静冈县	桂	杜鹃
大阪府	银杏	梅、樱草
京都府	北山雪松	东亚唐棣
兵库县	樟	野路菊
广岛县	枫	枫
北海道	虾夷松	疾槐
福岛县	榉	山胡枝子

● 绿化推荐树种

在东京都和神奈川县等绿地明显减少的市区中心地带，每当新建筑开工之初，就被要求必须对建筑周围进行充分的绿化。为使业主对栽植哪些树种心中有数，在提出要求的同时，往往还附送一份推荐树种的明细。作为地方设施，以政府机构为首，包括其他公共设施在内，均积极选用这些推荐树木，并借此普及本地有关绿化的知识。另外，政府机构的屋面，大多建有屋顶花园，作为屋面绿化的示范庭园。

神奈川县适宜种植的主要树木　　　　　　　　　　　　表4.8

高木	常绿	◎日本常绿橡、赤松、◎青冈栎、罗汉松、◎柳叶橡、◎樟、◎铁冬青、黑松、樱、◎白柞、木姜子、杉、◎弗吉尼亚栎、广玉兰、◎鳄梨、扁柏、刚竹、◎日本山毛榉、孟宗竹、◎全缘冬青、山桃等
	落叶	梧桐科、槲、椰榆、桐、色木槭、银杏、四手、鸡爪枫、朴树、槐、大岛樱、柏、桂、柞、核桃、榉、小橡子、辛夷、白蜡、千鸟木、冬槭、橡木、团扇槭、蜡木、赤杨、日本榆、乌饭、簇樱、山毛榉、日本厚朴、灯台树、水栎、糙叶树、山樱、山赤杨、山法师、百合等
中木	常绿	三尖杉、乌冈栎、枸骨、光叶石楠、杨桐、茶梅、珊瑚树、冬青、日本女贞、柊、小叶虎皮楠、厚皮香、野山茶、虎皮楠等
低木	常绿	桃叶珊瑚、东根细竹、榎木、大花六道木、犬黄杨、大叶茱萸、大紫杜鹃、菱叶常春藤、木樨、栀子、紫杜鹃、瑞香、茶树、乌罗、海桐花、南天竹、白丁花、芦荻、桂竹、柊木樨、柃木、南五味子、正木、大叶车轮梅、野木瓜、山竹、六角金盘、紫金牛等

（注）标注◎者为神奈川县推荐树种
　　　标注○者为神奈川县准推荐树种
据神奈川县公开网页"绿色协定实施纲要绿化标准"编制

4.4.2　公民会馆、社区中心

公民会馆的规模要小于政府机构，植物景观的配置量自然也少些。可是，因为经常被市民利用，而且与街区连接紧密，所以必须将其营造成温馨的空间。尤其是入口部分和朝向外面的房间，应该仔细斟酌如何使其与室外空间建立起密切的关联。由于会馆和中心多设在居民区内，因此还要考虑与毗邻住宅之间的屏蔽问题。

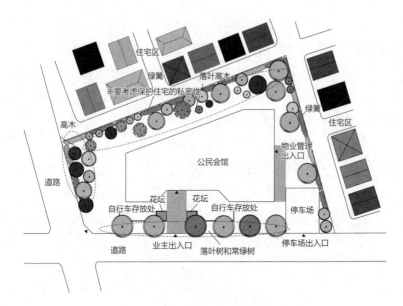

图4.30 社区中心绿化例
（笔者参考武藏野市八幡町社区中心绿化方案绘制，做了个别修改）

4.4.3 美术馆、博物馆、档案馆

　　美术馆、博物馆和档案馆的植物景观，出入口是设置的重点。除此之外，假如有户外展示设施的话，尚须考虑景观与展示物之间的关系。至于室内的展品，因往往忌讳自然光的投射，故多半都无需像室外展品那样，刻意地营造与景观之间的关联。博物馆和档案馆的主要功能是向人们诉说当地的历史，故而应多植本地的绿色植物。

● **本地绿色植物（市一级）**

　　例如，市树、市花、与本市产业相关的物事（关联农作物）、本市天然纪念物和本市保存树木等。

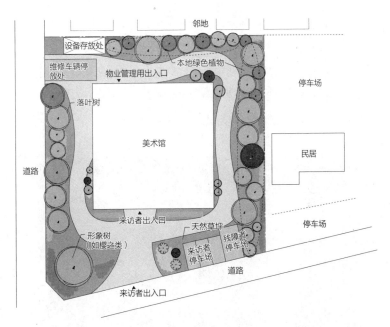

图4.31　美术馆绿化例
（笔者参考川越市Yaoko美术馆绿化方案绘制，做了个别修改）

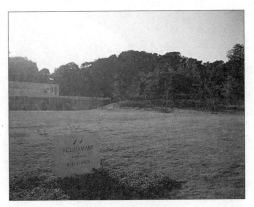

图4.32　横须贺美术馆

4.4.4 图书馆

　　小型图书馆的入口处是植物景观配置的重点，景观绿化的目的在于遮蔽与道路之间的边界。大型图书馆有的设有对外开放的餐饮空间和休息大厅之类，因此最好营造成庭园形式，形成一个绿荫空间。

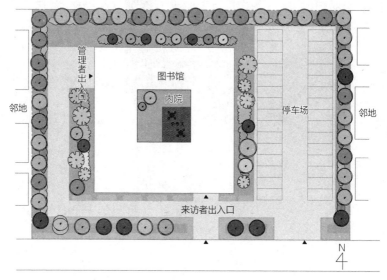

图4.33　图书馆绿化例

4.4.5 学校

　　学校的植物景观分为几个部分，包括遮蔽邻地视线的功能部分，用于授课的教学部分，大家动手的相互交流部分和入学或毕业的纪念仪式部分等。在配置时，一定要考虑到各部分之间的动线及其与每间教室的关系。

● 功能植物景观

<遮蔽作用>

　　虽然有的学校是采用开放形态设计的，但作为必要的防范措施，亦应将校园周围适当地遮蔽起来。在这种情况下，与其四周竖起围墙，不如用树木环绕，既有利于保护环境，又可维持与地方的良好关系。如果学校距邻地住宅区太近，便须采取必要的遮蔽措施；或者像女子高中那样，从外面无法窥伺校园内的情景。若想遮蔽得很严密，可使用常绿树。为防止有人翻越，树高须在2m左右。若仅用于遮蔽视线，可在1.8m左右，即达到建筑一层高度的水平。

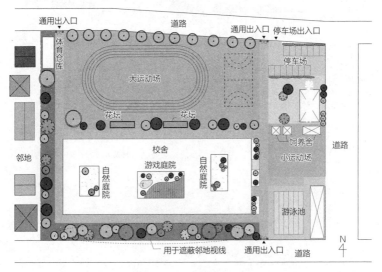

图4.34　小学校绿化例
（笔者参考熊本县宇土小学校绿化方案绘制，做了个别修改）

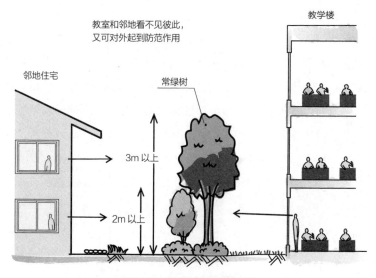

图4.35　遮蔽视线断面效果图

<遮挡夕照>

　　为使室内光线充足，各教室开口部多朝南设置，当夏季阳光强烈时，教室内的温度会很高。因此，如果在南侧栽植落叶树，便可减弱夏季的日照。不仅栽植高木，亦可在校舍外墙上张拉绳索和金属线，利用藤蔓植物做墙面绿化。

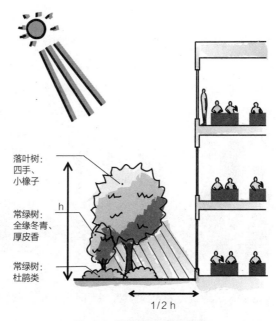

落叶树：
四手、
小橡子

常绿树：
全缘冬青、
厚皮香

常绿树：
杜鹃类

1/2 h

图4.36　遮挡夕照断面效果图

<防沙、隔音>

　　运动场地如果使用沙土之类铺装的话，在干燥的季节里，一刮风就会尘土飞扬。为了不至影响到邻地，可以在边界处构筑绿篱加以遮挡。另外，由于孩子们的喧闹和乐器演奏的声音往往会传到学校四周，较厚的绿篱则可减弱声音对外传播。

因声音会传至高处，
故绿篱顶部应达至
足够高度

邻地住宅

风

校舍

校园

沙土铺装

高木、中木和低木均采用
常绿树种

高
5m
左右
中
低

2m以上

图4.37　防沙作用效果图

● 授课用植物景观

生物和理科等课程与植物有着密切关系。通过实际栽植教科书中讲到的各种植物，可以让学生更深切地感受它们。另外，上美术课和手工课时，有些地方也要用到木材。因此，最好再栽植一些可用作木材的植物。假如能栽植供上家政课时食用的植物，还可以让学生在学习过程中体验到季节的更替。

可用于授课的植物   表4.9

	植物名称	用处
生物、理科	银杏	雌雄同体的知识
美术、手工	杉、桧、松	易加工、耐久性好
家政	柿树、柑橘类	果实的鉴赏、食用

此外，由于很多植物的名称都很有趣，也因此引起人们对这些植物的关注。

名称有趣的树木   表4.10

常绿树	落叶树
蚂蚁德牛、草珊瑚、朱砂根、花柏、权萃、黄土树、勤奋树、小便树、薯豆、全缘冬青	四手、鹅耳枥、百日红、流苏树、水杨、苦木、眼药树

● 饲养用植物景观

学校里多半都在培育着很多植物，而种植食材的菜园大都按学年和班级划分。因此，最好将菜园安排在班级教室的旁边。菜园应有良好的日照，这是要求的最低条件，可将其布置在阳光充足的场所和屋顶上。不过，因学校有暑假这样长时间的假期，故若选择那种整个夏季均须管理的品种便不太适宜。有鉴于此，最好做这样的计划：选择可在暑假前一次性收获的，或者暑假结束之后虽然继续生长，但赶在入冬前能够收获的品种。完全栽植结果树木的果树园，只要选择的树种得当，管理上可以不像菜园那样费时费力。因为对于菜园和果园来说，重点在于管理，所以用于浇水的灌溉设施、保管作业工具及肥料等资材的场所和作业后冲洗靴鞋等的地方都要考虑到。

菜园易栽蔬菜名录　　　　　　　　　　　　　　　　　表4.11

	蔬菜名称
春~夏	草莓、毛豆、南瓜、空心菜、油菜、马铃薯、茼蒿、甜菜、小白菜、玉米、茄子、胡萝卜、罗勒、圆辣椒、丝瓜、葡萄、番茄
秋~冬	欧芹、甘薯、茼蒿、甜菜、萝卜、香芹、菠菜、胡萝卜

易管理果树名录　　　　　　　　　　　　　　　　　表4.12

	树种名称
常绿树	金橘、酸橙、琵琶、费约果、山桃、柚子
落叶树	无花果、梅、柿、木梨、猕猴桃、梨、葡萄类、沙果、蓝莓、木瓜、楄桲、桃、山樱桃

图4.38　屋顶菜园照片(千代田美术馆3331)

● 学校生境

　　生境被用来显示动物、植物、水和土壤之间的关系。关于生境的内容及其构建的方法，我们将在后面讲述。这里要说的是，学校生境的设置场所最好选择比较醒目的地方。但是，为有利于动物的繁衍生息，应避免人员频繁出入或过多的人工干涉，否则它们会因警觉而不得不远离这里。因此，最好不将生境设置在太显眼、靠近运动场地和出入口的地方。此外，类似用餐室和家政室这样制作食物的房间，很讨厌有虫类潜入，故而生境亦不应与其相邻。

图4.39 学校生境例

● **典礼场地的绿化**

在学校举行毕业和入学仪式的场地周围，多半都会用樱树作为绿化景观。这种场合的樱树种类，一般会选择吉野樱。吉野樱开花的时间，亦因栽植场所的不同而各异，早的3月下旬，晚的到4月中旬；而且，每个年份的开花时间还有差别。因此，如果再配植一些比吉野樱开花早些和迟些的其他种类樱树，那么无论举行入学典礼还是毕业典礼，都能够看到盛开的樱花。樱树必须植于阳光充足的地方。假如条件良好，吉野樱和山樱都能够长成高度超过10m的大树。为此，应考虑到它长大后的状态，栽植伊始便预留出足够的空间。垂枝樱的体量要比吉野樱大得多，而且树龄可长达200年以上，必须留有充分的空间。

主要樱树及开花时间　　　　　　　　　　　　　表4.13

名称	开花时间	特征
吉野樱	4月上旬（东京） 4月下旬（盛港）	最具代表性的樱树。因长叶前开花，故花朵异常突出。普遍认为其树龄在90年左右，属较短命树种。易生病虫害
垂枝樱	3月下旬（东京）	因其枝下垂，故名。别名伊豆樱。较吉野樱开花早；但在东京，花色浓艳的八重红枝垂则比吉野樱开花晚
山樱	4月间	山野中自然生长的樱树品种。除了花朵，还生有红叶，与吉野樱相比，可渲染出稍浓的乡土氛围。木质细密，长期作为建筑材料使用
大岛樱	3月下旬开始 4月上旬	山樱的一种。开白色花，与其他樱树相比，更耐大气污染和抗海风
里樱"观山"	4月下旬	八重樱中花色最浓艳的品种，被广泛利用
里樱"姜黄"	4月下旬	八重樱中开黄花、色调独特的品种

图4.40　大学校园内的樱行道树
（日本大学理工学部船桥分校）

很多人都希望能在校园里栽一棵纪念树，基于这一点，很有必要预先留出充分的植树空间。纪念树是逐年增加的，开始只是光秃秃的一片空地。因此，最好将其设在毕业之后才会去看的地方，并且远离校园的入口一带。

有代表性的纪念树及其象征意义   表4.14

红豆杉	此木曾被用作古代高官手持笏之材料，故日语发音同"一位"二字。其木致密坚硬，易做细工，适于家具及雕刻类
槐	在中国被视为尊贵之树。日本亦称子安树，认为可保佑顺利生子。其说源自神功皇后依偎该树生下应神天皇的故事
金缕梅	日语树名汉字"满开"源于花开满枝头的形态，令人产生"丰年粮满仓"的联想。早春开花，亦为花树中最早者。2、3月份，出叶前开花伴有阵阵清香
虎皮楠	新叶伸出后，旧叶脱落。看似旧叶让渡新叶，日语读音似"让叶"二字。故作为典故树，亦比喻父母的印记留在长大的子女身上
辛夷	花蕾状如握拳，故日语树名读音似"拳"字。让人产生联想，要抓住幸福和幸运的机遇。亦被看成一种典故树

4.5 购物中心·商店街

　　日语中的"モール"（mall）一词，原本说的是一种步行者专用道，这里则指那种购物中心和百货商店鳞次栉比、户外上空未加覆盖的商店街。

　　说到商店街上的景观，或许有些令人不解。可是，人们也会想到其中的休憩空间，以及植物色彩的变幻如何被用来展现季节的更替。日本的商店街最早自江户时代起延续至今，通常都是两侧林立的店铺，中间夹着一条街道。而且，各个店铺均有自己的经营者，汇聚成商店街后统一实行自治。

　　本节讲述的购物中心，系指沿街而立型的商业设施。如果能够在享受购物乐趣的人们周围布满鲜花和绿叶，这里便成了一个温馨怡人的空间。传统的行道树自然少不了，但除此之外，还应再设置一些随植物季节变换的花坛和栽培箱之类。在老街道上，也可以配置花钵和花瓶等。植物较多的休憩场所，有如商店街和购物中心内的一块绿洲。自行车存放处和停车场同样可作为绿化设施利用起来。作为购物中心和商店街的绿化功能，这里列举2点。

　　① 增强景观效果的功能；

　　② 保护生活环境的功能。

除了具有以上功能，以下各项亦应看作植物景观的目标：

- 引进何种植物作为景观；
- 植物怎样发挥活跃气氛的功能；
- 如何管理。

归根结底，还是要营造一个以商店和商品为主基调的绿色空间。

4.5.1　购物中心的绿化

商店街以新设的居多，基本采用步行者专用道和步行者优先道的形式。而且，因以购物为目的，故无需引进那些碍手碍脚的大型植物。此外，也不必像行道树那样将其作为步道与车道的分界。作为商店街绿化的功能，顶多起到一点儿辅助购物的作用，更多的是加强对视线的引导和步行者动线的标示。

图4.41　购物中心（御殿场）

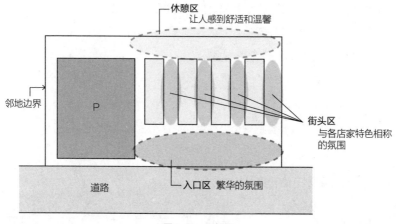

图4.42　区划图

4.5.2 商店街的绿化

与一般街道不同，商店街自古以来便存在。因此，原有的车道和步道只能混用，并根据情况，在规定时间内作为步行者专用的道路。常见的现象是，街上往来人群密密麻麻，店家甚至将商品摆放到街道上来。类似这样的地方，要重新进行绿化肯定会受到场所的限制。为此，绿化设计之初，就要做人员和车辆流动的多少和各家店铺占道情况的调查。

4.5.3 购物中心和购物中心绿化的规模

至于绿化的体量，只要高度超过2m的树木都可能遮挡店铺门面和展示的商品。因此，凡为营造季节感和繁华气氛而配置的街灯，以及装饰店面的花钵、容器和吊篮等，其高度最好距地平不超过1m。

图4.43　商店街绿化例：街头绿化
（据东京都公园协会网页）
(http://machinaka.tokyo-park.orjp/jisseki/asakusa/index.html)

4.5.4 营造街市繁华氛围的绿化

● 营造季节感

　　每个季节的大减价、年终的各种活动，以及新品的首发上市，可以说全年所有的促销手段，都被商店街演绎得淋漓尽致。与此对应，这里的绿化设计也必须灵活多变。为此，可配置一些便于更换的栽培箱、鱼缸和花瓶之类作为装饰。装饰的场所，在眼睛水平上应以突出商店和商品为主，配置的装饰物只是它们的陪衬和背景。

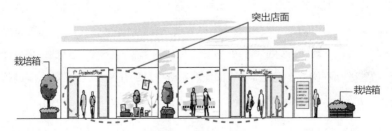

图4.44　设置的方法

● 季节感与绿化

就像松树的装饰表示新年到了一样，不同种类的植物可让人感受到季节的更替。植物是营造氛围的重要元素。

营造季节感的代表性植物   表4.15

季节	植物
新年	松、草珊瑚、福寿草、万年青
七草（人日节）	水芹、荠菜、鼠曲草、繁缕、宝盖草、蔓菁、萝卜
节分（立春前夕）	柊
上巳节（三月三）	桃
端午节	菖蒲、紫杜鹃、花橘、艾蒿
母亲节	郁金香
入梅	八仙花
七夕节	细竹
盂兰盆节	酸浆、闵胡枝子
重阳节	菊
八月十五夜	芒草
秋日七草	胡枝子、桔梗、葛、红瞿麦、狗尾草、败酱、泽兰
冬至	柚
圣诞节	杉树、西洋柊

● 绿化照明与灯饰

夜间的灯饰是冬季里的一道风景，而且多半都布置在绿化区内。购物中心和商店街不仅白天人流涌动，即使天黑后仍有很多人光顾。因此，最好将其当作夜晚的风景来营造。关于街灯与植物的关系，因为灯泡部分发热会招引飞虫，所以二者之间尽量不要靠得太近。现在还有光害一说，在配置照明时，尚须考虑到节约能源和生态系统平衡的问题。另外，过高的照度可能使植物萎靡不振，要配装那种夜间能够定时熄灯的开关。LED照明因温度很低，故适于贴近树木设置。

·贴枝型
ex: 榉（落叶树）

·冠周型
ex: 樟（常绿树）

·灯具投射型（照明）
ex: 榉（落叶树）

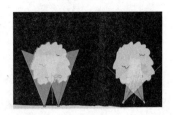

图4.45　树木灯饰的3种形式

因设置照明是为了让植物在夜间显现其形态，故最好选择那种枝条稠密，即使落叶后其树形大体不变的树种。由于常绿树的叶片大都比较厚，透光性差，因此不适宜加配灯饰。大多数落叶树的叶片都比较薄，透光性好，易于显示出配置照明灯饰的效果。

适宜配置灯饰的树种　　　　　　　表4.16

	树种名称
落叶树	梅、野茉莉、枫类、榉、白蜡、小橡子、樱类、吊花木、满天星、七度灶、山茱萸、大花四照花、蜡梅

● 管理

购物中心和商店街人员往来频繁，总是在众目睽睽之下。因此，必须让布置的植物景观无论何时看上去都清爽宜人。在购物中心和商店街规模很大的情况下，要想对植物景观做全面细致的管理也是相当困难的事。但是，至少能够像装饰漂亮的店面那样来照看植物。假如能够打造一个不仅店铺经营者，而且连购物的顾客及其孩子们也愿意进入的绿色区域，那将吸引更多的人光顾购物中心和商店街，从而成为这里繁华的要素之一。

4.6 | 商业设施

本节将要讲述的商业设施，按其定义系指内有多个业种的大型商场。该设施的植物景观，主要集中在外周、入口、屋面和停车场等处。绞尽脑汁所营造的景观，其目的无一不是为了吸引人们光顾这里。作为商业设施绿化的功能，不外乎以下2点：

① 增强景观效果的功能；

② 保护自然环境的功能。

要建成一座有人气的设施，就得使其具有这样的功能：

• 给人印象深刻的景观应引进何种植物；

• 选择可凸显商品和店铺魅力的植物；

• 如何管理。

现将为达成以上目标所需的方针和手段归纳如下。

4.6.1 | 植物配置计划

如上所述，能够栽种植物的地方主要集中在外周部、入口部、屋面部和停车场。因此，要将这些地方营造成舒适的空间，以期留给人们深刻的印象。尤其是入口部，人们经常来来往往，代表着整个设施的形象，应该作为植物景观布置的重点。若系郊区的大型商业设施，因几乎都靠驱车往返，所设停车场的形象对周边景观影响之大，甚至超出设施本身，故更需进行绿化规划。

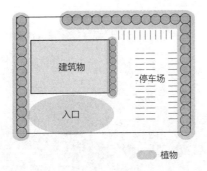

图4.46　分区图

4.6.2　入口部

入口部有人员往来的通道部分、车辆出入的通道部分和形成设施脸面的立面，是重要的植物景观空间。在人员和车辆出入的通道两侧栽植成列的高木，不仅使空间更加引人注目，而且也便于用照明灯具进一步装饰，能够营造出繁华的氛围。然而，成列的高大树木可能会遮隐商业设施主体，因此也要控制绿化空间的体量。

图4.47　正面绿化效果图

在建筑的立面部分，直接用攀缘植物做墙面绿化的效果也很好。而且，还能够使其随着季节变化。只是与直接栽植地面的方式相比，在管理上需要一定的技术和花费较多的时间。不管采用哪种方式，都要在考虑环境的前提下展现自身的形象。

图4.48　立面绿化例（鹿儿岛丸木花园商场）

4.6.3　屋面部

　　直到不久之前，还经常在商业设施的屋面部看见设有游园地、宠物店和园艺店等；但最近，屋面设置店铺的现象却逐渐减少。越来越多的例子，是将屋顶绿化，将其重建成庭园和公园那样的休闲空间。因系作为任何人均可入内的庭园和公园构筑的，故亦吸引一些并非以购物为目的人前来，从而活跃了整个设施的气氛，提高了其利用率。

● 具代表性的屋顶庭园营造例

　• 新宿伊势丹

　　对现有屋面进行改造，构筑成花园式的空间，并设有可置身植物丛中的俱乐部等。

图4.49　新宿伊势丹的屋面

• 难波公园

这是一座新建的商业设施。屋面几乎完全绿化。其中一部分被辟成出租式菜园。人们可以在这里吃盒饭和带孩子游玩等，显然被当作公园利用。

图4.50　难波公园

关于屋顶绿化的手法，我们以后还会讲到。这里只强调一点，由于屋面的空间狭小，因此事先考虑好如何配置管理用服务动线和管理设施非常重要。

4.6.4　停车场

商业设施的规模越大，停车场的面积也相应增大，故而停车场看上去比设施本身还要突出。必须将停车场当作设施的一部分来建设。为使停车场入口易于识别，而且停放的车辆又很隐蔽，周边的绿化应以常绿树为主。因为总有设施管理者照看不到的时候，所以最好选择一些对管理要求不高的植物。停车场大都使用沥青进行铺装，对其干硬性有一定要求。常见的情况是，绿化都布置在道路边界和停车空间之外空余的地方；不过，若在停车位之间也栽植一些树木，那么到了夏季，树木形成的绿荫便可有效地防止车内温度升高。

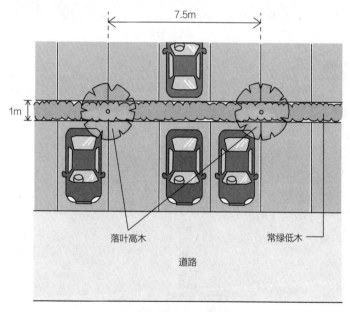

图4.51　停车场绿化图例

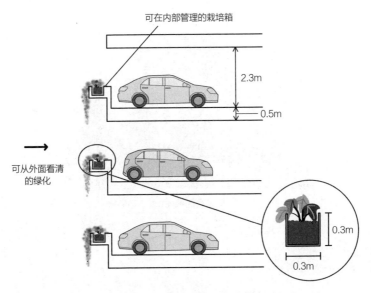

图4.52　停车楼上层绿化断面实例

　　平面的停车场均可像前面讲述的那样进行绿化；不过，市区里多半不采用平面停车方式，而是作为停车楼来建造。标准停车楼均采用无机质的钢架结构，大都前面突出，可利用墙面进行绿化。能够采用的绿化方式有，让藤蔓植物缠绕在栅栏或绳网上，或者将栽培箱摆放在各楼层做平台绿化。应该选择那些耐汽车尾气、耐干旱不必经常浇水的树种。

图4.53　停车楼的绿化(东京都港区)

4.7 写字楼

　　在植物分布较少的市区部，积极引进绿化植物的意义就在于，不仅能为办公楼利用者营造出休憩空间，并且也可以提升公司的形象。由于并非日常生活的场所，因此在管理上也不必像庭园的绿色空间那样细致入微。要做的只是简单地铺展一片清爽的绿色。关于绿化的功能，可列举出以下4点：

　　① 增强景观效果的功能；

　　② 维护和改善生活环境的功能；

　　③ 保护自然环境的功能；

　　④ 防灾的功能。

作为写字楼绿色空间的景观，其目标如下：

- 配植何种植物作为景观；

- 如何确定绿化的规模；

- 怎样管理。

下面讲述为实现这些目标而要采取的方针和手段。

作为绿化部分，应以入口、立面、四周、屋面和内院等处为主。必须按照规模大小，使构筑的空间如同公园那样，让当地的人们也能造访。写字楼大都建在市中心狭小的空间内，因某些位置可能终日不见阳光，故而在植物的配置上要仔细考虑日照条件。

4.7.1　环境分析与动线利用

如前面讲过的，环境分析是做景观设计时必不可少的环节。四周为大片植物环绕那自不待言；而写字楼却几乎都建在城市中心，一定会对周围产生各种影响。例如，高层写字楼都存在遮挡阳光、高楼风、眺望受限和破坏景观等诸多问题。不管建筑高低，只要写字楼利用者一多，均须设有人员和车辆的出入动线等。随着项目计划的提出而产生的这些问题，应该进行事前分析，并在制定的规划中得到体现。与此同时，也要掌握相邻写字楼的绿化状况，如果周围是公园和绿地之类，尚须考虑写字楼绿化部分与其之间的关联。

4.7.2　入口与正面

因入口部能展现出建筑物的风格，故此处的绿化应给人以深刻的印象。绿化的体量，则视建筑物的高低而定。低层建筑配植的树木，高度最好在1~3m左右。如系中高层建筑，可栽植高度超过5m的树木，以缓和建筑物的压迫感，给人留下温馨的印象。此外，在确定绿化的体量时，亦应考虑到绿化植物与街区之间的联系，使其营造的氛围既热烈而又不失沉稳。

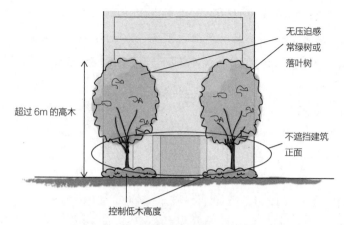

图4.54 建筑正面绿化的立面效果图

图4.55 写字楼正面绿化例：狭长的植物带仅植有低木

4.7.3 建筑外周

最好不要将植物配置在与道路衔接的部分、建筑物出入口、管理者难以顾及的地方和雨水落不到的地方。与邻地之间的边界处亦应被看作管理者难以顾及的地方，若想从写字楼里能够观赏到周围的景色，便应该尽量减少管理者动线，努力扩大绿化的空间。

值得强调的是，高层写字楼还要注意雨水问题。作为绿化空间，通常都选择建筑物周围，避开人员出入的位置。在下雨的时候，雨水淋在建筑物上，直接沿着外墙流下来。如果是一座高层建筑，而且雨水的量又很大，沿外墙流动的雨水看上去就像瀑布一样。如果直接在雨水下落的场所进行绿化，植物将受到下泄雨水的冲击。有鉴于此，在对高层写字楼周围进行绿化时，必须考虑到以下情形：确定的栽植地内有的地方是否会被下泄的雨水冲击；凡是连续的墙面，不在其周边栽种植物；配置排水井之类的设施。

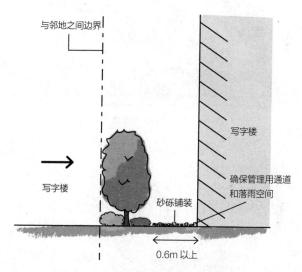

图4.56　建筑外周部绿化断面效果图

4.7.4 屋面部

屋面如何利用取决于管理者的意向，可以将其营造成绿色空间，作为建筑利用者的休憩场所。关于屋顶绿化的具体实施方法后面还要讲到。这里只强调一点，首先为建筑利用者考虑，经过绿化的屋面，不仅可作为观赏之地，若再适当配置一些其他设施，还能够成为休闲娱乐，或者做简单运动的空间。虽然因地区而各异，但是10层以上的屋面，风力都很强。因此，必须采取设置屏障和胸墙等防风措施，避免使人员和植物受到强风的冲击。

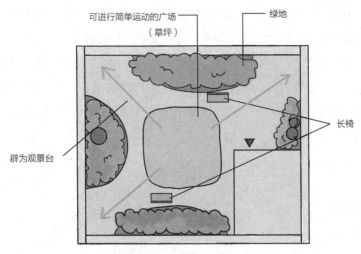

图4.57　屋顶绿化平面图

4.7.5　庭院部

与屋面一样，庭院亦可被构筑成建筑利用者的休憩空间。不过，与屋面相比，由于庭院四周被房间环绕着，因此与其说是户外的休憩之所，不如说是被作为从屋内或阳台等处向庭院眺望的景观设置的。如果在4层以上的建筑中设置庭院，因日照受限，故绿化景观必须由耐日阴的植物构成。在通往庭院的动线由作业间穿过的情况下，应该选择那些容易管理和生长缓慢的植物。假如庭院内没有完善的排水系统，一旦遇到暴雨或多雨季节，积水将在地面形成汪洋一片。因此，事先就应该考虑到排水计划问题。多数写字楼的玻璃窗和玻璃幕墙都几乎是不能开合的，空气不易流通，如果再不能依靠出入口的开闭保持通风，那一定会影响到植物的正常生长。

图4.58　庭院部断面图

4.7.6　树种的选定

写字楼的不同区域，其日照条件、外观形状和管理频度亦各异，树种的选择也要考虑这些因素。由于正面是建筑物的脸面，因此选择与建筑业主有关联的树种就很重要。常见的情形是，绿化管理都被物业公司委托给造园公司来做，每年进行2、3次；而平时的管理无非就是浇浇水、扫扫落叶什么的。故而，还是尽量选择一些无需管理的树种为好。

● 要给人以端庄的印象

绿化植物的结构以常绿树为主，由高木、中木和低木组合而成。地衣显现的轮廓多半都不是很清晰，最好能栽植低木覆盖地面。圆柳造型整齐，绿色盎然，看上去特别端庄。

给人以端庄印象的常绿树　　　　　　　　　　　　表4.17

高木	土松、龙柏、铁冬青、白柞、全缘冬青、厚皮香
中木	木樨、茶梅、珊瑚树、野山茶
低木	石岩杜鹃、小月杜鹃、芦荻、黄杨、小黄杨

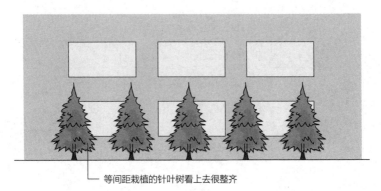

等间距栽植的针叶树看上去很整齐

图4.59　给人以端庄印象的植物例

● 要给人以亲切的印象

　　用常绿树那样造型柔和的树木与落叶阔叶树适当混植在一起。如果清一色的落叶树，由于其生长较快，需要修剪，而且落叶也较多，管理上很麻烦，因此最好与常绿树混合栽植。

给人以亲切印象的常绿阔叶树和落叶阔叶树　　　　　　　　　表4.18

	落叶树	常绿树
高木	椰榆、四手、鸡爪枫、野茉莉、榉、小橡子、辛夷、中国七叶、乌饭、山法师	白蜡
中木	花海棠、木槿	冬青、岑木
低木	绣线草、山胡枝子、珍珠绣线菊	大花六道木

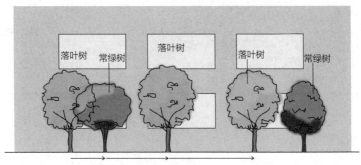

常绿树和落叶树非等间距混植

图4.60　给人以亲切印象的植物例

4.8 | 集体住宅

集体住宅的植物景观设计，根据规模的不同，其空间特点和用途也各异。但总的说来，希望能具有以下功能：

① 增强景观效果的功能；

② 维护和改善生活环境的功能；

③ 形成绿荫的功能；

④ 防灾的功能。

除此之外，还要确定下面几个目标：

- 应引进何种植物作为景观；
- 如何确定绿化的规模；
- 居民彼此及其与地区之间形成共同体；
- 怎样管理。

现将为达成以上目标所需的方针和手段归纳如下。

4.8.1 环境分析与动线利用

就像前面已经讲过的，景观设计开始之前，必须先做环境分析。建在一片植物中的项目又当别论，只要是在市区里进行的作业，尽管集体住宅的规模存在差异，但与独立房屋相比，肯定会对周边产生各种影响。譬如高层建筑，便存在日影、高楼风、遮挡视线和破坏景观等诸多问题。建筑物无论高低，其中的住户一多，就存在人员和车辆出入的动线问题。对这些伴随规划制定而出现的问题，必须做事前分析，并将其体现在规划中。假如周边是公园或者绿地之类，还要考虑到规划中营造的植物部分与它们之间的关联。

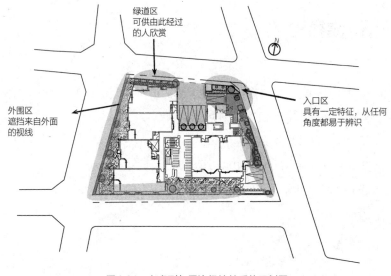

图4.61 考虑到与周边绿地关系的区划图

图中标注：

绿道区
可供由此经过
的人欣赏

外围区
遮挡来自外面
的视线

入口区
具有一定特征，从任何
角度都易于辨识

N

4.8.2 确定主题

大多数情况下，集体住宅的建筑和开发都有一定的设计理念。通常，要遵循这样的理念来进行设计。但也有相反的情形，设计本身最后成了理念。居室的设计类型会因其楼层和方位的不同而改变；与此相对，植物空间除去专用庭院之外，均可为全体居所共享。因此，比起居室来，更应该成为居民喜欢的空间。另外，与建筑物相比，其绿化区域是最先为外人看到的部分，可算是建筑物的脸面。即使从这样的角度出发，也务必给项目确定一个清晰的主题和建设的方向性。

● **设计类型：作为庭院的绿化**

集体住宅也可以说是个人住宅的集合体，因此比起写字楼来，更加感觉有必要为其构筑庭院。如果是西洋式的集体住宅，可以建成鲜花庭院、意大利式花园和法式花园等；如系日式集体住宅，应该配之以修剪整形的松树、红叶和杜鹃，以及瀑布、溪流、景石和细竹等。首先想好要把庭院构筑成怎样的空间，以确定其风格，再据此开展设计，最后决定树种及其构成。

● **利用类型：作为场地的绿化**

　　在小型空间内所做的绿化设计，仅为满足观赏的需要；而集体住宅的绿化空间，规模要稍大些。因此，这样的空间不仅供观赏用，而且还可以是一处用于休憩和进行简单运动的多功能广场。在设计绿化空间时，要考虑到不应妨碍休憩和运动。

● **管理类型：日常的绿化**

　　出租和分割出售的集体住宅，绿化管理多委托专业公司进行。至于是否需要进行周到细致的管理，则因引进的植物品种而各异。譬如，人气甚高的蔷薇庭园对管理的要求就很高。有一种集体住宅，是采用多个家庭自主合建的形式建造的，其绿化空间多半要以居民自管为主。假如未对管理类型做一定的设想，绿化设计和结构安排也无法进行。因此，有必要事先就确切把握管理类型。

4.8.3　入口

　　入口成为建筑脸面的部分，方便管理也很重要。根据不同的建筑样式，既可以配植醒目的形象树，也可以设置像大门那样的门树。如果能够用低木和地衣彻底覆盖地面，绿化地里便一星点儿土都看不见，给人以十分清爽整洁的印象。要留出足够的空间，以不妨碍人员的出入，避免树木枝条碰到路过的人。为能使人感受到季节的更替，可在高木与低木之间，植入一些花木，四季显露出开花、结果、生红叶和落枯叶的变化。因为是天天见到的部分，所以最好再由居民自己布置一些花坛那样的景观。

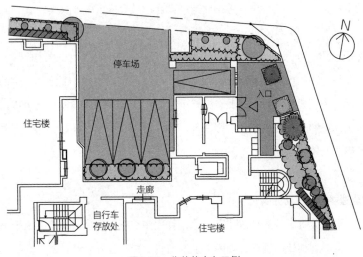

图4.62　集体住宅入口例

4.8.4　内院

　　与入口相比，内院是一个相对私密的空间。作为居民共有的空间，应由其自主决定该如何使用，并据此进行设计。因内院空间易形成日影，故要在充分考虑日照条件的基础上再决定怎样绿化。有必要确认内院空间与居室的哪一部分衔接，并对房间的私密性加以检测，以确保从外面无法窥视到房间内部。树木大小的选择固然与内院空间的规模有关，但是若引入大树之类的植物，其空间必然变得狭小，低楼层照射的阳光将会受限，而且枯木落叶处理起来也不方便。因此，选择大树要格外慎重。

适合内院栽植的树种 表4.19

	常绿树	落叶树
高木、中木	丝柏、银杏、罗汉松、侧柏、南洋斑杉、赤松、美国崖柏、粗构、犬黄杨、橄榄、金橘、月桂、杨桐、茶梅、白蜡、白柞、冬青、酸橙、岑木、火棘属、费约果、正木、累德、野山茶	梅、落霜红、野茉莉、雄荚蒾、荚蒾属、小叶团扇枫、水曲柳、山茱萸、公主花、四手辛夷、紫木莲、接骨木、大花海棠、四照花、沙果、密蒙花、豆樱、紫式部、山法师、菖蒲
低木、地衣	桃叶珊瑚、榅木、小叶山茶、石岩杜鹃、金丝梅、栀子、久留米杜鹃、紫杜鹃、车轮梅、西洋黄土树、草珊瑚、茶树、南天竹、日本女贞、白山树、芦荻、桂竹、蜥蜴杜鹃、迷迭香、百子莲、吉祥草、黑龙、蝴蝶花、乌罗、哈兰、花斑剑兰、富贵草、藤类、朱砂根、圣诞蔷薇、紫金牛、剑兰、沿阶草	
特殊树种	棕榈、棕榈竹、苏铁、唐棕榈、龟斑竹、四方竹、蓬莱竹、黑竹、金玫瑰、山白竹、毛竹	

内院绿化注意事项：耐阴性

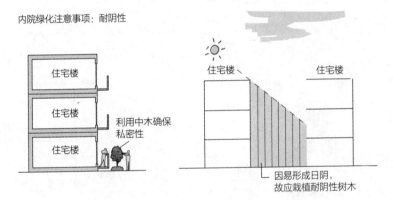

图4.63　内院绿化注意事项

4.8.5 建筑外周

大多数情况下，出于防范和私密性的考虑，建筑与邻地边界处都要用栅栏或混凝土墙壁围绕起来。也可以不那样做，而采用栽种植物构筑绿篱的形式，既有利于保护环境，又给人以常变常新的印象。假如植物向邻地伸展，为不给邻地带来管理上的负担，植物带不要紧贴边界配置，应留出一定间距，并且最好选择那些生长缓慢的树种。尽可能不栽植落叶树，因为清扫落叶很麻烦。值得注意的是，即使常绿树，也大都不可能植入后很快长得枝繁叶茂，因此会让人感到过于疏落通透。这一点务必事先对相关者说清楚。通常构筑的绿篱，高度都在2m左右；为了确保建筑一层水平的私密性，也可以设置高度4～6m的高树墙。这时，要确保有足够的栽植宽度，而且务必在树墙前留出一定间隙，便于管理时架梯子。

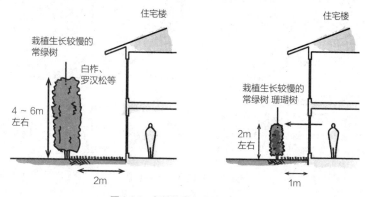

图4.64　邻地边界绿化断面效果图

4.8.6 专用院落

因专业院落属于私有部分，故最初地面采用草皮铺装。然而，在日照不足的情况下，草皮的长势也很差，最后又不得不恢复土地面，或者使用连锁块和瓷砖等重新铺装。另外，在将其作为避难通道使用时，不能栽植妨碍人员疏散的高木、中木和低木，一般只能栽种地衣之类。

4.8.7 阳台·屋顶

在将阳台和屋顶当做庭院利用时，要注意的是，尽管日照很充分，但是因土层薄、风力强，故应选择耐干旱的树种。最好再配有自动浇水设施。松树和柿树均结有较大的果实，要防止发生落果伤人的事故。因为建筑物的荷载有一定限度，所以只能栽植低木和地衣之类。至于是否要栽植中木或大木，必须经过对建筑结构的确认之后才能决定。虽然各个地区存在差别，但楼房八层以上的阳台和屋顶，都有很强的风吹过，如果不采取防风措施，植物将很难存活。大风可能使树木倾倒，在防风环境尚未构筑完善的条件下，以暂不栽植树木为宜。

适合栽植阳台的低木和地衣

表4.20

	树种名称
高木、中木	罗汉松、槐、橄榄、柑橘类、夹竹桃、柽柳、月桂、石榴、合欢、金宝树、日本山毛榉、丝兰类
低木、地衣	车轮梅、海桐花、秋田胡颓子、结缕草、垂岩杜松、平户杜鹃、迷迭香、景天类

4.8.8 绿化更新

即使经常进行修剪，在过了10年以后，绿化部分的体量也会增大。一旦过了30年，绿化部分与当初栽植时相比变得大不相同，植物也明显地越来越拥挤。因此，往往趁着建筑大修的时机，对绿化部分也进行调整。步行动线的调整要考虑居住者的老龄化和家庭构成的变化，重新审视汽车和自行车的利用频度，了解周围环境的演变和植物生长状况。那种合作建房的方式又当别论，由于绿化施工是在建筑竣工后才开始，而且这时业主尚未露面；但在绿化实施期间，来到现场的业主逐渐增多，相互交往也日趋活跃。刚好可以做实际利用调查和征询业主意见，并在此基础上制定绿化更新计划。绿化不能仅着眼于植物，检查土壤状况，适当加以改良，使其适于植物生长，以及重新考虑雨水排放问题等，同样很重要。

4.9 | 住宅区

住宅区一般指住宅的集合体，由多幢集体住宅或多座独立住宅组合而成。我们在"集体住宅"一节讲过的内容，尽管适用于所有单幢的集体住宅，但却不能用来看待由这样的集体住宅组成的住宅区整体。应该切实了解周边是否有绿地和商店街，以及住宅区内道路（主要通道、管理通道和步行者专用道）的利用状况等，在据此构建广场和公园的同时配置绿地。

至于植物景观设计，则因规模大小不同，其空间特点和用途也各异。无论规模如何，希望大体具有以下功能：

① 增强景观效果的功能；
② 维护和改善生活环境的功能；
③ 形成绿荫的功能；
④ 防灾功能。

除此之外，还要确定下面几个目标：

• 应引进何种植物作为景观；
• 如何确定绿化的规模；
• 居民彼此及其与地区之间形成共同体；
• 怎样管理。

现将为达成以上目标所需的方针和手段归纳如下。

4.9.1　由集体住宅构成的住宅区

景观设计可参照本书4.8节"集体住宅"内容分别进行，使住宅楼的周边和楼与楼之间各具特色，如做到设计的差别化，形成的景观便不显得单调。从整体上看，要根据各个区划的特点做不同的设计，不致让雷同的景观反复出现。

作为分区构建方式，最终营造的氛围既有热烈的，也有沉稳的。如邻近日常生活中利用的车站和公交停靠站等处，由于人员往来较多，要留有充分的余地，用来构筑宽敞的绿色空间。中低木的栽植要适当，以确保空间通透，视野开阔。

远离道路交叉点的地方，行人也较少，可构建成静谧的空间。类似这样的场合，不仅成为人们相互交流的空间，也更便于人与植物的亲密接触。如果各种鲜花四季绽放，可欣赏到它形态和色彩的变幻，即使作为动线利用的人再少，也会让来此散步的人们感到其乐无穷。于是，每逢节假日和周末，将吸引更多的人一时摆脱日常羁绊来到这里。

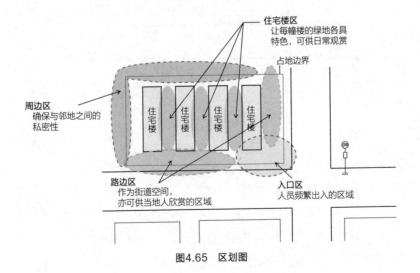

图4.65　区划图

4.9.2 每栋楼绿化形态各异的方案

要使每栋楼的绿化形态各具特色，可在各个住宅楼栽植不同的树种，或者通过高木、中木和低木错落有致地配置，给人以丰富多彩的印象。

● 依季节变化的形态

选择以开花、新绿、结果和红叶突出的树种作为绿化植物，分别用来表现春、夏、秋、冬4个季节。重要的是，配置时须考虑日照条件，如将阳光充足的区域用以表现夏季等。

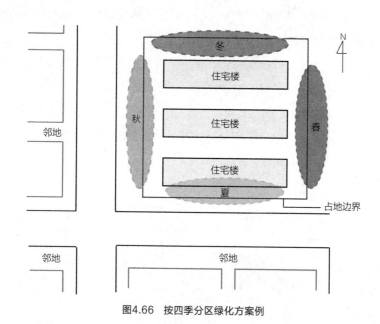

图4.66　按四季分区绿化方案例

● 依构成树种变化的形态

与多个树种混植相比，选择单一树种在培植方法上要简单得多，而且管理起来也更容易。适合这种构成的有竹类，因为竹类本身就非常有个性，如在一定程度上集中栽植，便可将其特色凸显出来。蔷薇的特点也很突出，只是因需要频繁地进行施肥和修剪，故仅适合那些能够做到充分管理的场合。

● **依景观变化的形态**

　　空地、树林……这些不同的景观都可通过改变植物的构成及其密度营造出来，并会使每栋楼都各具特色。假如空间足够大的话，这样的做法比前面讲过的2种形态更有效。由于管理方法也要依照景观的不同而改变，因此在制定绿化规划时必须综合考虑景观与管理的平衡问题。如果周边的绿地不多，尽量构筑更大的绿化空间，可供孩子们在自然环境中学习。然而，过于贴近自然的住宅楼，有时也会受到虫、鸟的袭扰，因此有必要设置一个缓冲带。

代表性景观与构成树种　　　　　　　　　　表4.21

景观	构成树种
空地	结缕草、高丽草、高原草、肯塔基草、金盏菊、常青藤属、垂岩杜松、沿阶草
杂木林	四手、小橡子、辛夷、中国七叶、紫式部、野杜鹃、曲溲疏、大麦门冬
水边	唐棣草、罗文、秋田胡颓子、雄荚蒾、野蔷薇、日本千屈菜、芦苇、宽叶香蒲
树林	山法师、冬青、杨桐、真弓、莺神乐、绣球穿心莲、吉祥草、大吴风草

4.9.3　由独立房屋构成的住宅区

　　关于一座座独立的住宅，请参照本书4.11节"独立住宅"的内容。可考虑由独立住宅集中而形成的状态，以及与道路衔接部分、邻地边界和住宅区人口等诸多要素，采取与集体住宅相同的大致分区来加以规划。

● **区划**

　　考虑到地形和周边环境，与集体住宅一样按照距接入点的远近增减绿地规模。若邻地为私人住宅的话，则要将重点放在确保私密性方面。为此，在行人往来较多的路口处应增大绿地的体量，并构筑严密的绿篱。假如距离接入点较远，就会显得非常冷清，营造的空间便应明亮些，并且要视野开阔。

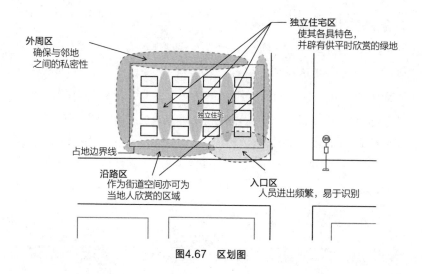

图4.67　区划图

4.9.4 接道部分

　　关于接道部分，如外周系普通道路的话，要考虑确保私密性，以及防噪声和防尘的问题。随着绿化植物长成一定的体量，这里也将成为路上来往的人们喜欢的空间。

图4.68　面向道路的植物带

　　住宅区内的道路分为人车共用和步行者专用2种。特别是步行者专用道，为了能够边走边欣赏路边的植物景观，应该做到从地面到眼睛水平均呈现一片绿色。而且，其高度还要略大于道路的宽度。从南侧通向西侧的道路，夏季里酷日当头，应该栽植落叶高木，以形成绿荫。

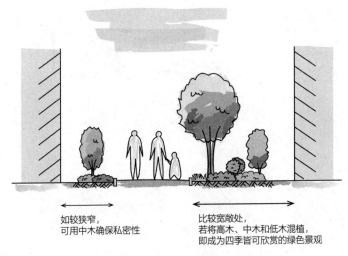

如较狭窄，
可用中木确保私密性

比较宽敞处，
若将高木、中木和低木混植，
即成为四季皆可欣赏的绿色景观

图4.69　面向内院的植物带

4.9.5　邻地边界部分

　　在与邻地之间的边界部分栽植树木，也是为了防止不法者的侵入，其高度要能够遮挡视线。虽然应根据毗邻建筑物的高低而定，但为了防止视线窥伺到二层的窗子，可列植白柞之类的常绿阔叶高木，株距设为0.5～1.5m。这样，便可构筑成一道高达6m左右的树墙。若觉得树墙下部空隙过大，则可在其间植入常绿的低木和中木。

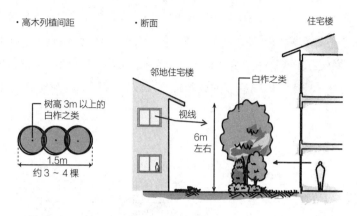

图4.70 邻地边界部断面图

4.9.6 住宅区入口

如果将作为住宅区特征和标志的形象树植于道路两侧和接道部的位置，并将其当做重点的话，便可以彰显出住宅区的个性。最好在其中植入多种多样的树木，如形态有趣的、开花的、红叶的、果实醒目的等等，以使其营造出与四周的植物稍感不同的氛围。需要注意的是，在十字路口那样道路纵横交错的地方，不要栽植高大树木，绿化植物的体量亦不应过大。由于住宅区内儿童很多，往往还跑来跑去，因此绿化植物一定不能遮挡车辆和行人的视线。

4.9.7 住宅区内的公园和广场

住宅区虽因规模大小略有不同，但多数都在内部设有广场和花园。广场上可举办盂兰盆节庆典，平时亦可作为集市使用。因此，铺装可能就是素朴的土质地面，构成绿荫的落叶阔叶树不是植于广场的中心，而是选在广场周围。如果在靠近广场中心的地方栽植雪松的话，到了冬季，便可成为一棵大圣诞树，营造出的空间充盈着节日欢快的气氛。

因为住宅区内的花园规模都比较小，绿化植物一长大就遮挡视线，可能看不到玩耍的孩子们的身影。所以，移入花园内的植物不宜过多。

4.10 医院

由于医院通常是为患病或受伤等特殊状态人群所利用的地方，因此须格外引起重视。因其规模大小不同，医院空间的特点和用途亦存在一定区别。不过，无论何种规模，均期待具有以下功能：

① 增强景观效果的功能；

② 维护和改善生活环境的功能。

有鉴于此，作为医院中的植物景观，则以如下各项作为目标：

- 应引进何种植物作为景观；

- 如何确定绿化的规模；

- 怎样管理。

现将为达成以上目标所需的方针和手段归纳如下。

4.10.1 区划

医院虽然亦因规模大小而不同，但是作为栽种植物的场所，主要是在入口、内院和屋顶庭园等处。内院既可配置成供患者、医护人员和探病者散步的形式，亦可作为等待会见空间设置成观赏庭院的类型；至于屋顶庭园也具有同样的用途。作为一种颇具前瞻性的方法，则是将其构筑成康复用庭院，或者成为一处应用园艺疗法的空间。

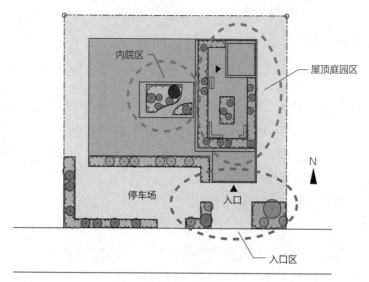

图4.71　区划图

4.10.2 树种的构成及其密度

在一定的日照条件下，植物通过光合作用生成氧来提供清洁空气，并依靠蒸腾作用保持自身的湿润状态。满眼的绿色给人们带来好心情。可是，一旦选错了植物，这样的好作用也会产生相反的效果。绿色植物虽好，但如果配置得过多，亦给人以一种压迫感。因此，在构建空间时，植物之间要留有一定的空隙，以保持良好的通风。

● 应加小心的植物

诸如香气浓烈、触碰产生痛感和颜色鲜艳的植物，凡是被认为有可能让人过敏的，平时人们或许不太注意，一旦得了病则往往会产生应激反应。因此，必须一概避而远之。

医院内应注意的各种易过敏因素 表4.22

因素	颜色	香气	习俗	过敏
要避免项目	刺激性色调	香气浓烈	各地均有不同传说	诱发症状
理由	鲜艳色彩使人兴奋,过度刺激则可加重倦怠感。惟避红橙色调,即可保无虞。另需注意,医院建筑外装多选浅色和白色,色调亦有刺眼之嫌	平时清香的气味,心情不好时也会觉得难闻。另外,视觉障碍者对香气尤为敏感。因此,此类植物栽植多了,往往收到相反效果	·山茶类花谢时啪嗒一声落下,用以形容人头落地 ·用石蒜象征坟墓 ·栽植枇杷会生病	植物生成过敏物质(花粉、绒毛、香气)不仅引起人的过敏反应,有时还使人心情变坏。因此,务必注意
需注意植物	红花(蔷薇、扶桑、鸡冠刺桐、鼠尾草)、橙子花(金盏花)	木樨、栀子、瑞香、蔷薇类、天竺葵	樒、山茶类、枇杷、石蒜	杉、扁柏、漆树、银杏、赤杨、艾蒿、豚草

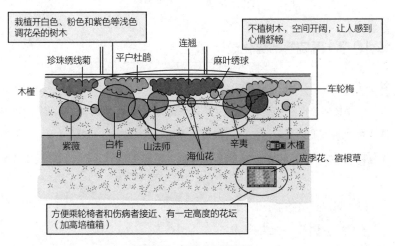

图4.72 医院广场绿化例

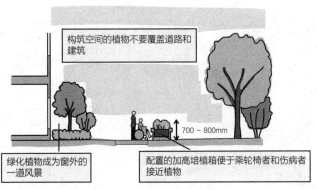

构筑空间的植物不要覆盖道路和建筑

700～800mm

绿化植物成为窗外的一道风景

配置的加高培植箱便于乘轮椅者和伤病者接近植物

图4.73　加高培植箱断面图

4.10.3 医院各部绿化设计

● 入口

　　由于医院多是整体呈白色的建筑，因此最好再用植物添加一点儿绿色，这样可使氛围变得更温馨。所用植物要以始终绿意盎然的常绿树为主，但应注意体量不应过大，以免给人造成压迫感。可选择树形看上去比较端庄的常绿树。

　　【给人端庄印象的常绿树】

　　• 高木：白柞、白蜡、栾树；

　　• 中木：冬青、岑木；

　　• 低木：大花六道木（半常绿）、香桃木。

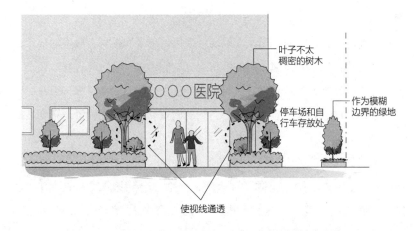

图4.74　医院入口例

● 外周部

　　为了防止外人侵入和病人出走，多半都会在连接邻地和道路的部分设置金属栅栏或混凝土围墙，就像被圈起来的笼子一样。为此，若将其一部分用植物遮挡和覆盖，则可使医院外周部分的氛围发生一些变化。不过，因覆盖的植物过于厚重会让人产生压迫感，故而不要将其全部围挡起来。让构筑的空间适当留有空隙，以保持通风。

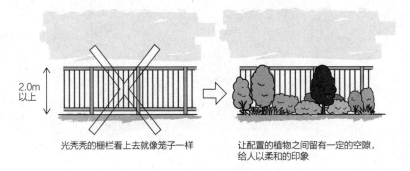

图4.75　外周部绿地

● **内院**

就像前面曾讲过的那样，内院既可采用供患者和探病者散步的形式，亦可构建成供观赏和休憩之用的等待会见空间形式。在医院这样的场合，如果形成头顶被大片植物笼罩的氛围，会让人感到阴暗和压抑。因此，天空应该始终敞露着，不要为大片的树影所遮盖。内院中的大树，高度最好在3m以下。

不用香气过于浓烈的植物，这我们已经讲过。尤其要注意，凝聚在内院中的香气很难扩散出去。只要有了香气，往往也会吸引蜜蜂、蝴蝶和飞蛾之类的昆虫飞来。尽管不一定就有被蜇咬和起皮疹这样的危险，但还是为很多人所厌恶，并且也存在潜入房间的可能性。因此，最好回避之。

易招引昆虫的植物可举出以下几种。

• 木本：柑橘类（酸橙、柚）、密蒙花、栀子；

• 草本：白花菜、紫云英、乌莜莓。

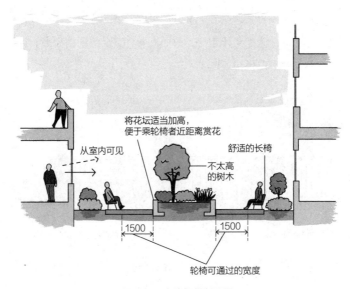

图4.76　内院绿化断面图

● **园艺疗法**

日文词组"園芸セラピー"中的"セラピー"显系英文"therapy（治疗、疗法）"的音译，故亦可直接叫做"园艺疗法"。园艺疗法主要流行于欧美各国，利用园艺活动作为身心患病者康复的手段。所谓园艺活动包括：栽植、浇水、灭虫、择叶、间蕾、剪枝、轮植、整形和清扫等。活动时要有指导者和协助者在场，仅仅为患者提供场地是不够的。因使用的材料和工具中有农药和剪刀之类的危险物品，故须存入指定场所上锁保管。活动场地一般不应超出管理者视线的范围；但有时亦设在可与外部人员互动的地方，作为回归社会的实验场所。

引进园艺疗法的医院   表4.23

医院名称	所在地	内容
延年康复医院	兵库县神户市	草花播种及嫁接、种植、养菊花、蔬菜的栽培·收获·品尝、在院内边散步边观赏草花、制作干花和花环之类的手工活动
关西工伤医院	兵库县尼崎市	利用医院花园的园艺疗法
和泉医院	冲绳县乌鲁玛市	通过观察植物生长，舒缓自身的不安和紧张感，体会到与植物共同度过的时光很有意义，并获得成就感、充实感和满足感，目的在于促进与他人的交流
大阪府立呼吸道过敏医疗中心	大阪府羽曳野市	在培育植物过程中与自然相互接触，为亲眼见到植物的生长、开花和结果而欢喜，并深切感受到生活的充实，从而提升了QOL（生活的品质、生命的质量）

4.11 住宅

庭院是环绕住宅的空间，并且总是依其类型、规模和概念而变化。日本营造庭院的历史，可追溯到千年以前。在此期间，写于平安时代的《作庭记》，被认为是日本最早的造园类图书，其中记述了有关景石布置和寝殿式庭园等方面的内容。

住宅的植物景观设计多采用庭园形式，其功能有以下5项。

① 增强景观效果的功能；

② 维护和改善生活环境的功能；

③ 形成绿荫的功能；

④ 保护自然环境的功能；

⑤ 防灾的功能。

然而，要实现这些功能，还须解决居住者偏好不同和管理者水平参差的问题，并将以下各项作为努力的目标：

- 使居住者的个性得以充分发挥；

- 引进何种植物作为景观；

- 植物的体量多大为宜；

- 怎样进行管理；

- 何时完成最终形态。

现将为达成以上目标所需的方针和手段归纳如下。

4.11.1 详细调查

● 居住者

为确认使用者（在此居住的人），应通过事先调查来了解和掌握他们的嗜好和生活方式等情况。

<了解嗜好例>

喜欢的风景、场所、颜色、植物和材料；讨厌的材料、颜色和植物；记忆中的风景和植物等。

<了解生活方式例>

平时的生活状态、如何度过闲暇时光、工作内容。

● 周边区域

关于保护私密性，与邻地密切相关。因此，诸如与邻地的边界如何划分和栽植何种植物；以及怎样在把握总体形态的基础上，使配置的植物不仅可遮挡邻地，而且还能够成为周围的屏障。这些，都要通过现场调查加以确认。

<调查要点>

- 连接道路部分是否绿化→与街区景观的融合；

- 是否有可作为借景的植物→配置的植物是否会喧宾夺主；

- 绿篱使用何种植物构筑→有没有抗风和耐气温变化的植物，地区适应性如何；

- 有没有类似金木樨那样清香怡人的植物→如重复栽植香气或过于浓烈；

- 树木能否因倾斜而导致一侧的叶子脱落→确认有无强风及其风向；

- 常用的植物→乡土种类、畅销品种；

- 建筑物→掌握绿化植物与建筑之间的冲突情况，以及消解的方法。而且，还要了解建筑的外装设计和体量的大小。

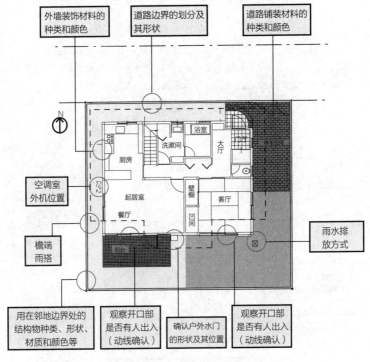

重要的是如何调整绿化设计与建筑规划之间产生的冲突。
在着手具体的绿化设计之前，最低限度应确认上述的各个项目。

图4.77　与建筑相冲突部分调查项目

4.11.2 区划与动线

在经过详细调查、并确定总体形象的基础上开始设计。按建筑物及其与房间的关系划分的空间，究竟怎样使用，以及景观效果如何，均应在仔细斟酌之后用圆圈标示在平面图上。而且在该区圆圈内填写诸如"从起居室内可感受四季的变化"之类的场所形象及其利用方式等等。

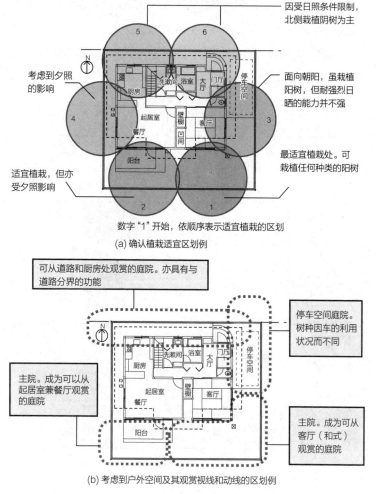

因受日照条件限制，北侧栽植阴树为主

考虑到夕照的影响

面向朝阳，虽栽植阳树，但耐强烈日晒的能力并不强

最适宜植栽处。可栽植任何种类的阳树

适宜植栽，但亦受夕照影响

数字"1"开始，依顺序表示适宜植栽的区划

(a) 确认植栽适宜区划例

可从道路和厨房处观赏的庭院。亦具有与道路分界的功能

停车空间庭院。树种因车的利用状况而不同

主院。成为可以从起居室兼餐厅观赏的庭院

主院。成为可从客厅（和式）观赏的庭院

(b) 考虑到户外空间及其观赏视线和动线的区划例

图4.78　区划图例

区划确定之后，再将业主行动路线（动线）和业主目光（视线）用箭头标注在上面，据此考虑通行的方式和景观效果。区划与动线的结合，基本上决定着绿化的位置及其体量的大小。

为使区划和动线图表现出大致的形象，可考虑将比例尺定为1/100或1/200左右。

4.11.3　各部位的绿化设计

在通过区划勾勒出大致的绿化形象之后，我们再探讨各个分区的详细情形。

● 入口·接道部

若是住宅，规模都不会太大。尽管如此，作为一座建筑物，入口处仍是最早为人看到的地方，而且成为让人感受到占地规模的所在，因此可以说是设计的重中之重。

至于街道部分，则存在一个与停车空间是否冲突的问题。与其从道路上直接看到建筑物，莫不如利用植物做些掩饰，使空间看上去更加润泽柔和，而且也透出纵深感。

通过引进植物的姿态（树形）和配置方式，可改变人们对空间的印象。针叶树呈圆锥状，给人以挺拔向上的印象，有如一根直线。横向扩展的团状阔叶树，似乎要将建筑物温柔地抱在怀里一样。建筑物的边缘若隐若现，使那种效果变得愈发明显。

· 配置场所

· 栽植位置及其景观效果

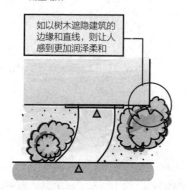

如以树木遮隐建筑的边缘和直线，则让人感到更加润泽柔和

如将植物集中区设为与眼平高度相当，则效果更佳

为缓和浇筑混凝土之类的建筑给人厚重坚硬的印象，重点在于尽可能让配置的树木遮隐建筑物的拐角和直线等几何形状部分

图4.79　缓和建筑物生硬印象的配置

· 缓和建筑物整体印象

· 突出建筑物印象

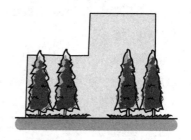

若主要配置叶幅较宽的阔叶树来遮隐建筑物的边缘的话，则可缓和建筑物的整体印象。树木的高度及其栽植位置可随机选择

若以配置针叶树为主的话，便会突出直线效果，给人以坚硬的印象。树木的高度和间距整齐一致，对称栽植

图4.80　调节建筑物印象的配置

即使通道比较狭窄，利用栽植的树木亦可营造出纵深感。狭窄的地方无需配置体量太大的植物。因为是每天经过的地方，故而应引进开花、结果和长红叶之类可供欣赏四季演变的植物。

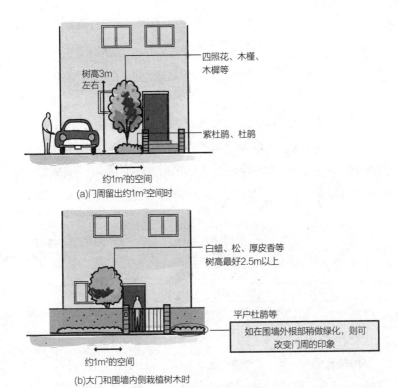

树高3m
左右

四照花、木槿、
木樨等

紫杜鹃、杜鹃

约1m²的空间

(a)门周留出约1m²空间时

白蜡、松、厚皮香等
树高最好2.5m以上

平户杜鹃等

如在围墙外根部稍做绿化，则可
改变门周的印象

约1m²的空间

(b)大门和围墙内侧栽植树木时

图4.81　改变门周印象的绿化

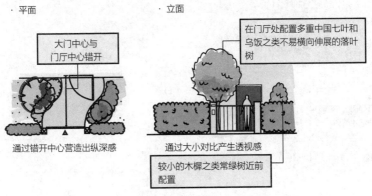

· 平面　　　　　　　　　　· 立面

大门中心与
门厅中心错开

在门厅处配置多重中国七叶和
乌饭之类不易横向伸展的落叶
树

通过错开中心营造出纵深感

通过大小对比产生透视感

较小的木樨之类常绿树近前
配置

图4.82　让人觉得通道宽敞的绿化

● 主院

主院是庭院内最核心的部分，其所在位置容易从起居室、餐厅和客厅看到，而起居室和餐厅是日常生活中频繁使用的房间，客厅则是招待客人的房间。至于从功能上讲，是要将其建成实用的庭院还是观赏的庭院，可以仔细斟酌。而且，还要了解怎样对庭院进行管理。应充分满足业主的嗜好和兴趣。常绿树与落叶树的平衡，以及树木（木本）与草花（草本）的平衡既关乎设计，也影响到管理。因日照状况不同，引进的植物亦各异，故而要考虑到周围的建筑、树木和结构物等情形，在掌握日影状态的基础上确定植物的栽种位置。

落叶树与常绿树的平衡   表4.24

常绿树	落叶树	氛围
9	1	标准的日本庭园形象。温暖地区的绿化。稍显厚重感
6	4	突出落叶树，看上去很均衡。秋季需要清扫落叶
3	7	给人以柔和的印象。冬季落叶后显得孤寂。英国式庭园，凉爽气候的形象。秋季需要清扫落叶

庭院贴近房间的部分，似内外连成一体，让人有种空间被拓展的感觉。如要辟出一个栽种很多植物的部分，则应考虑设管理动线，动线上不做绿化。

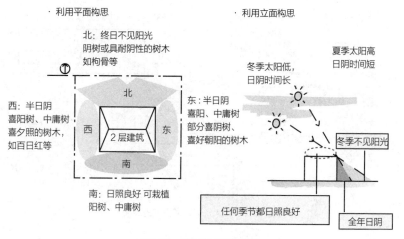

图4.83　应该考虑日照条件

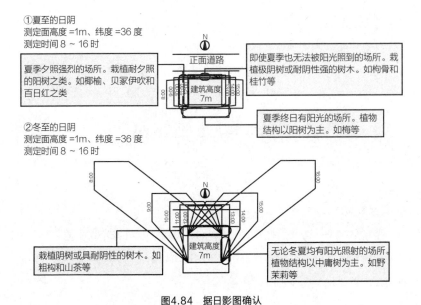

①夏至的日阴
测定面高度 =1m、纬度 =36 度
测定时间 8～16 时

正面道路

夏季夕照强烈的场所。栽植耐夕照的阳树之类。如椰榆、贝家伊吹和百日红之类

即使夏季也无法被阳光照到的场所。栽植极阴树或耐阴性强的树木。如枸骨和桂竹等

建筑高度 7m

夏季终日有阳光的场所。植物结构以阳树为主。如梅等

②冬至的日阴
测定面高度 =1m、纬度 =36 度
测定时间 8～16 时

建筑高度 7m

栽植阴树或具耐阴性的树木。如粗构和山茶等

无论冬夏均有阳光照射的场所。植物结构以中庸树为主。如野茉莉等

图4.84　据日影图确认

阳光

栎

蜡瓣花

高出50cm以上

为有效营造出叶子的透明感，在不让光透过的树木背后，没有其他树种的树木。相邻树木至少留有50cm的间距。

设置可透光的篱笆

光线

六道木　多福南天竹

图4.85　东、西、南三面的庭院

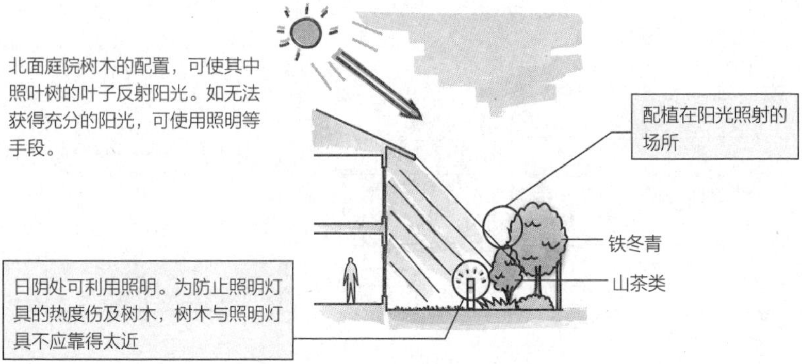

北面庭院树木的配置，可使其中照叶树的叶子反射阳光。如无法获得充分的阳光，可使用照明等手段。

配植在阳光照射的场所

铁冬青

山茶类

日阴处可利用照明。为防止照明灯具的热度伤及树木，树木与照明灯具不应靠得太近

图4.86　北面庭院

● 其他庭院

浴室多半是一个悠然打发时间的地方。为此，窗外花草树木的体量要控制到让躺在浴盆里的人看得见的程度。在厨房周围，可以栽种一些可食用的植物（或做食材，或做装饰）。

4.12 | 屋顶绿化·墙面绿化

越来越多的建筑都在利用植物渲染环境的效果，各种各样的工艺手段也在开发之中。植物原本在户外地面生根，对着阳光伸展。因此，选择不违背这一植物本质的工法便显得尤为重要。

若将植物放在脱离地面的环境中，则可依靠人力和机械来浇水和施肥。要做到这一点，就必须事先制定规划，而且规划的内容应比一般的绿化管理更加详尽。

4.12.1 屋顶绿化

屋顶绿化不仅使建筑具有隔热效果，而且还能够通过水分的蒸发降低

环境温度。如此一来，则可使建筑物的冷暖变化保持稳定，从而达到节能和防止热岛效应的目的。屋顶绿化的要点在于建筑物的结构、土壤、风和树种。

在屋顶上栽种植物，伴随而来的是增加了较重的载荷。厚度10cm的普通土壤相当于每$1m^2$承受160kg的重量，再加上树木，可能要超过200kg。在普通住宅的屋顶栽种植物是难以想象的，其加载载荷多在180kg/m^2上下，仅可满足覆盖10cm土壤层的需要。因此，假如预先知道要进行屋顶绿化，就要将建筑结构设计成可以承受标准以上的加载载荷。不仅土壤，即使树木也会随着生长不断变重，建筑结构也必须能够充分承受这样日益加重的载荷。若一定要在现有建筑的屋顶上进行绿化，则可利用人工土壤，其单位载荷只有普通土壤的60%～80%。而且，最好将绿化点设在建筑的柱和梁的部位。至于轻质土壤，因其重量很轻，故而重力黏着性也变得低下，很容易被风吹散，难以固定植物。有鉴于此，在选择引进的植物时，应该考虑到风的影响，以及栽种植物的高度和叶展大小。若栽植高木和中木，一开始就要以支柱固定，免得受风影响而枯萎。

适合用作屋顶绿化的植物，要求耐干旱、抗风吹和耐日晒。因此，对树种是有一定要求的。常绿树大都能够满足这些要求，而枫类落叶阔叶树因对水分要求较高，则是最不适宜的树种。另外，如果考虑到加载载荷和管理问题，类似榉和染井吉野樱那样很快长大的树木也不适宜。还有柿树和栗树之类结有又大又硬果实的树木，果实可能被风吹落伤及楼下的人，亦不适宜栽植。

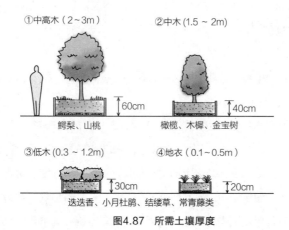

①中高木（2~3m）　②中木（1.5~2m）

60cm
鳄梨、山桃

40cm
橄榄、木樨、金宝树

③低木（0.3~1.2m）　④地衣（0.1~0.5m）

30cm
迷迭香、小月杜鹃、结缕草、常青藤类

20cm

图4.87　所需土壤厚度

如以草绳固定土中的根时，应在底面铺上金属网等，通过固定绳索尽量扩展根的设置面，防止树木倾倒

中木·高木：
罗汉松、槐、橄榄、柑橘类、夹竹桃、柽柳、月桂树、石榴、合欢、金宝树、日本山毛榉、丝兰类

金属网

客土
（人工土壤）
排水层
排水孔

低木·地衣：
车轮梅、海桐花、秋田胡颓子、日本芝草、垂岩杜松、平户杜鹃、迷迭香、景天类

用细粒珍珠岩、轻石、粉碎后的发泡苯乙烯等铺敷成厚100~200mm的排水层

图4.88　适宜屋顶绿化的代表性树种及其设置要点

4.12.2 墙面绿化

伴随屋顶绿化同时引进的，还有作为夏季消暑手段之一的墙面绿化。除此之外，也经常看到将墙面绿化用于美化环境的外墙设计。

假如是想缓解照射到墙面的阳光，使墙面不致升温过高，从而收到降低室温的效果，便要自南向西地进行墙面绿化。由于冬季还是有阳光更好些，因此可选择落叶树和一年草作为绿化植物。

具有缓和日照效果的攀缘植物　　　　表4.25

常绿树	落叶树
蔓草、卡罗来纳茉莉、棱叶常青藤、金银花、茑萝、常青藤、野木瓜	木通、猕猴桃、铁线莲、苦瓜（一年草）、藤、丝瓜（一年草）

● 藤蔓缠绕的条件

　　藤蔓植物分为两种，一种直接匍匐在墙面，另一种缠绕在格栅和树木等支撑物上。若系匍匐在墙面的藤蔓，需要墙面更粗糙些，否则便不能攀附伸展。在平时常有强风吹过的场所，藤蔓植物没有机会攀爬和缠绕，因此也很难伸展。缠绕藤蔓的格栅如用金属制成，夏季格栅自身变热，植物便难以缠绕。因此，格栅最好采用天然材料（棕榈绳、木棉和木材等）制作。此外，即便使用金属制作格栅，只要在其表面刷上一层涂料，金属就不会发热，亦可使藤蔓较容易地缠绕上去。

　　关于让植物攀附在墙面的方法，如表4.26所示，共有3种形式。

　　　图4.89　缠绕在百叶窗上的茑萝　　　　　图4.90　攀附在墙壁上的蔓草

墙面绿化的形式　　　　　表4.26

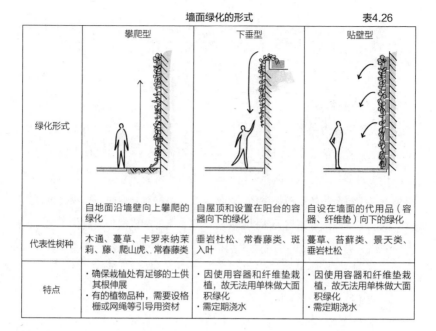

	攀爬型	下垂型	贴壁型
绿化形式	自地面沿墙壁向上攀爬的绿化	自屋顶和设置在阳台的容器向下的绿化	自设在墙面的代用品（容器、纤维垫）向下的绿化
代表性树种	木通、蔓草、卡罗来纳茉莉、藤、爬山虎、常春藤类	垂岩杜松、常春藤类、斑入叶	蔓草、苔藓类、景天类、垂岩杜松
特点	·确保栽植处有足够的土供其根伸展 ·有的植物品种，需要设格栅或网绳等引导用资材	·因使用容器和纤维垫栽植，故无法用单株做大面积绿化 ·需定期浇水	·因使用容器和纤维垫栽植，故无法用单株做大面积绿化 ·需定期浇水

　　最自然的形式是采用那种让植物自地面向上攀爬的方法，凡是从土地面向上攀附于墙面的蔓状植物，皆有可能这样栽植。

　　使其自上部下垂的形式，可用于比较早期的绿化，因为与栽种于地面时相比，具有下垂特点的藤蔓植物往往在墙面上更易伸展。由于上部有土，容易干燥，因此应频繁浇水。另外，其根长与伸展的程度相比会受到一定限制，要确保根的生长，便须将其植于足够多的土中。

　　还有一种方法，是在墙面设置可放入容器的材料，或者铺上一层毡状物，然后在其中栽种植物。因毡状物和容器的深度都比较浅，故里面的水分很快就干了。为此，需要配置自动浇水设施和控制手段。较大的墙面，其上部和下部不同方向的干燥程度存在差异，使得植物的生长状况也不一样，植物种类的选择则取决于浇水的多少。

图4.91 用盆栽逐个固定的墙面绿化

墙面绿化很难做到均衡一致。而且，因藤蔓植物的前端朝着各个方向伸展，故而人工的引导则是不可或缺的。此外，藤蔓植物朝阳的那面伸展较快，叶子也长得茂盛，容易变得不匀称。若用于早期绿化，最好混合使用以上这些方法。

4.13 利用生态系统的植物空间

从前因将城市开发置于优先地位，使得绿色丰盈的自然逐渐消失，直至难觅踪影。从这样的角度着眼，绿化的意义不仅在于要将自然元素纳入植物景观之中，而且要再现自然，构筑一个生态系统，使之成为昆虫和小动物等的栖息场所。

4.13.1 生物生境

所谓生物生境，系由希腊语中的"Bio（生命）"和"Tops（场所）"2个词汇构成的词组。思想发端于德国，特指生物社会的生息空间。从广义上讲，但凡丰富的自然环境均可称为生物生境。不过，类似人生活的场所，以及在其周围形成的自然环境，亦可被看作生物生境。目的在于，构筑一个可供昆虫、鱼类、鸟类和小动物栖息，或者能够吸引它们前来的空间。

　　在日本一提到生物生境，给人突出的印象是一处有水的地方，蜻蜓漫天飞舞，青鳉在水里游来游去。其实，要营造供生物栖息的场所，不一定选择水边，即使是野地和树林也是可以的。之所以水边更为常见，是因为那里存在一个由水、湿地、草地和林地构成，并且不易干燥的环境，这样的环境为各种动植物提供了繁衍生息的可能性，从而能够吸引多种多样的生物来此栖息。至于这里的水，有泉水、地下水和雨水等，只要其中没有混入盐分（未经消毒过的）均可利用。

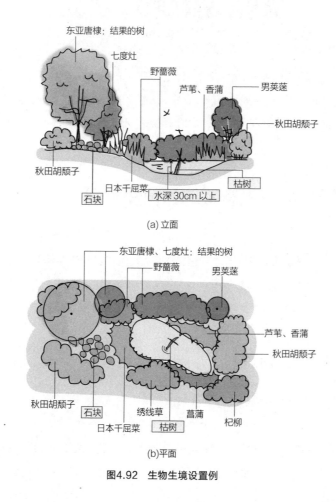

图4.92　生物生境设置例

4.13.2 鸟类栖息的绿地

　　仅有一棵树的空间同样会吸引鸟儿飞来，因为鸟儿可吃树上的果实，吸食树上的蜜汁，将叶上的昆虫作为美餐，在树上筑巢繁衍后代……或者只是在枝条上小憩。要构筑有水池的生物生境，则需配置可在平时供水的设施。假如只为吸引鸟儿和昆虫前来，也可以不栽植树木。为了吸引鸟儿，就要选择那些它们感兴趣的树种。供鸟儿吃果实的树木被称为饵食树，表4.27列出了相关的树种。在营造栽有饵食树的绿地时，注意不要靠近成为鸟的天敌的动物，而且应在设置上考虑到勿因洒落的鸟粪等给周边地区造成污染。

　　乌鸦常见的问题是偷吃食物和乱翻垃圾等，其筑巢和栖息的场所都设在人们不易发现的常绿大树的高处。为避免此类现象的发生，应将落叶树作为首选树种；如系常绿树，要经常修剪，使其枝条保持通透状态。

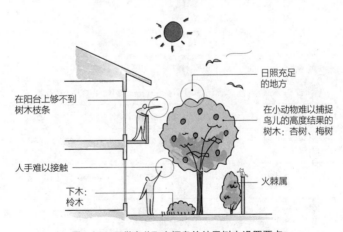

图4.93　可供鸟儿飞来栖息的结果树木设置要点

适宜栽植的树木及其可吸引的鸟类   表4.27

树木	鸟类
樟	画眉、蓝鹊、乌鸦、斑鸠、鹧鸪、鸫、夜莺、绣眼鸟、雉、凤头鸟
铁冬青	画眉、松鸦、野鸡、鹧鸪、黄尾鸲、白腹鸫、鸫、夜莺、凤头鸟
正木	画眉、东方金翅、野鸡、鹧鸪、黄尾鸲、白腹鸫、鸫、夜莺、雉、凤头鸟
枪木	绿啄木鸟、画眉、蓝鹊、乌鸦、东方金翅、野鸡、斑鸠、鹧鸪、黄尾鸲、白腹鸫、鸫、夜莺、鹊、野鸭、绣眼鸟、雉、红胁蓝尾鸲
红松	绿啄木鸟、松鸡、东方金翅、野鸡、斑鸠、鹧鸪、大山雀、麻雀、鸫、夜莺、鹊、鹩、山雀、雉
红豆杉	大斑啄木鸟、松鸡、东方金翅、锡嘴雀、白腹鸫、鸫、夜莺、绣眼鸟、雉
女贞	画眉、蓝鹊、野鸡、大山雀、鸫、夜莺、绣眼鸟、雉
莺神乐	蓝鹊、松鸡、乌鸦、斑鸠、紫背椋鸟、夜莺、欧椋鸟
五加科	大斑啄木鸟、画眉、野鸡、斑鸠、紫背椋鸟、鸫、夜莺、鹩、欧椋鸟
野茉莉	松鸡、乌鸦、东方金翅、野鸡、斑鸠、鹧鸪、锡嘴雀、白腹鸫、鸫、夜莺、欧椋鸟、绣眼鸟、山雀
朴树	画眉、蓝鹊、松鸡、鹧鸪、紫背椋鸟、锡嘴雀、白腹鸫、鸫、夜莺、欧椋鸟、绣眼鸟、凤头鸟
柿树	画眉、蓝鹊、乌鸦、野鸡、鹧鸪、大山雀、锡嘴雀、鸫、夜莺、欧椋鸟、绣眼鸟、凤头鸟
宽叶香蒲	绿啄木鸟、蓝鹊、野鸡、斑鸠、鹧鸪、黄尾鸲、鸫、夜莺、雉
桑	画眉、蓝鹊、乌鸦、斑鸠、紫背椋鸟、白腹鸫、夜莺、欧椋鸟、绣眼鸟
黑松	东方金翅、野鸡、斑鸠、鹧鸪、大山雀、白腹鸫、麻雀、鹊、山雀、雉
花椒	蓝鹊、乌鸦、东方金翅、野鸡、斑鸠、紫背椋鸟、黄尾鸲、夜莺、绣眼鸟、红胁蓝尾鸲
染井吉野樱	画眉、燕雀、蓝鹊、松鸡、乌鸦、野鸡、斑鸠、紫背椋鸟、大山雀、夜莺、欧椋鸟、绣眼鸟、雉
野蔷薇	绿啄木鸟、画眉、鸳鸯、蓝鹊、野鸡、斑鸠、鹧鸪、紫背椋鸟、黄尾鸲、白腹鸫、鸫、夜莺、欧椋鸟、雉、凤头鸟、红胁蓝尾鸲
糙叶树	画眉、蓝鹊、乌鸦、野鸡、斑鸠、鹧鸪、锡嘴雀、白腹鸫、鸫、夜莺、欧椋鸟、雉、凤头鸟
紫式部	绿啄木鸟、燕雀、蓝鹊、东方金翅、野鸡、斑鸠、鹧鸪、白腹鸫、鸫、绣眼鸟

4.13.3 不破坏生态系统的平衡

图4.94即所谓呈金字塔状的生态系统。自下而上分为几个等级，如栖息于土中的菌虫类（分解者）、地上生存的植物（生产者）、吃植物的昆虫和动物、以此类昆虫和动物为食物的动物（消费者）。其结构，总体上呈现为越往上数量越少的形态。一旦下部缺失了什么，上面就几乎丧失殆尽。非常重要的一点就是，要经常想到这样的平衡，对因改变自然状态而可能产生的严重后果有足够认识，自觉地保护和维护好现有绿地。

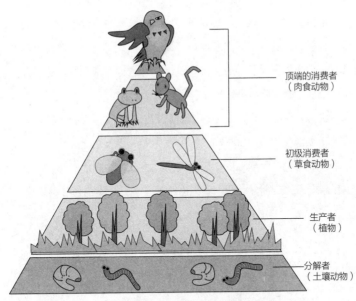

顶端的消费者
（肉食动物）

初级消费者
（草食动物）

生产者
（植物）

分解者
（土壤动物）

图4.94　金字塔状生态系统

4.14 自然的维护和复原

使自然维持原有形态，不对其施加任何影响，就是一种保护。自然在被保护过程中始终处于安全状态，即是受到维护。在接近人类居住的区域，一味强调保护自然，无论对人类还是对自然都有许多不方便的地方。因此，不仅要保护自然，还应确保其安全，维护是重要的手段。

4.14.1 乡野的复原

人类生活的地方不仅与自然毗邻，而且如图4.95所示，正在逐渐朝着自然转移。转移中经过的空间即所谓乡野，是人类利用自然的部分。随着人口数量的增长，为了确保足够的居住场所，乡野也被逐渐开发。受到人们生活中排放污浊空气的影响，自然正在慢慢衰退。

自从城市环境的恶化已成为显而易见的事实之后，人们又将与自然相互依存、受惠于自然的希望寄托在乡野的作用上。复苏自然的捷径，就是要使乡野复原，或营造可起到乡野作用的场所。在乡野构筑的空间里，要营造可供烧柴和制炭用的杂木林，杂木林则由小橡子和柞之类的落叶树构成。

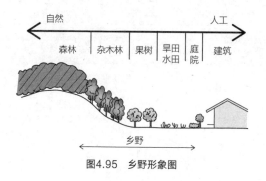

图4.95　乡野形象图

4.14.2 森林的复原

日本国土约60%都是森林，森林分为人工林和天然林两大类。人工林系由人工营造的树林，栽植的树木作为木材使用。在木材需求大幅增加的关东大震灾和第二次世界大战之后，营造了更多的人工林。其中多为生长迅速、易被作为木材使用的树种。诸如，杉、扁柏、日本落叶松、红松、黑松、虾夷松和冷杉等。

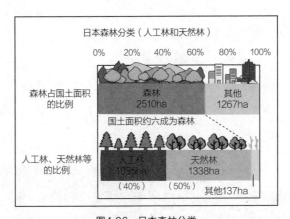

图4.96　日本森林分类

资料来源："森林·林业学习馆"网页

(http://www.shinrin-ringyou.com/torest_japan/jinkou_tennen.php)

战后栽植的杉和扁柏，至今树龄已超过60年，均长成了大树，可作为建材利用。不过，自20世纪70年代开始进口的国外廉价木材正被大量使用，对国产木材的需求逐渐减少，不加管理的植林地却在增加。由此导致天然的山野被蚕食，大片营造的人工林破坏了自然的平衡。

● 森林的迁移

在不加管理的植林地中，多半都特意栽植一些针叶树，以防止滑坡和塌方之类的灾害发生。如此一来，有时也会起到向自然林回归那样的复原作用。在植林地内以适当间距栽植针叶树，再将落叶树苗植入间距内，随着逐渐长大，最终落叶树将代替原有的植物，成为这里的自然植被。如果要悉数伐采植林地中的树木，必须慢慢地进行，以防止表土的大量流失。

● 橡果植林

　　在向着自然森林回归时，并非只要栽上一片构成森林的树种苗木就成为原来的自然了。重要的不是用从某个地方购入的苗木来造林，而是要栽植当地土生土长的树木使森林复原。因此，应该采用这样的方法，用正在复苏的周边地区自然生长的植物种子和枝条培育出的苗木营造森林。其中的代表就是橡果植林。橡果是壳斗科植物果实的总称，在日本乡野可采摘到很多种橡果，诸如落叶树的山毛榉、小橡子、柞、水枥、柏、栗；常绿树的弗吉尼亚枥、栲红豆杉、青冈栎和白柞等。将捡拾到的橡果埋入土中，顺利的话第二年春天就会发芽，再过2～3年便可长成苗木。将长到高30cm左右的苗木栽植下去，留出50cm左右的间距，经过铲除下草之类的管理，之后就逐渐成为森林。不仅限于橡果，关键是要充分利用当地原生的植物，将其培育成可栽植的苗木。

图4.97　橡果项目（爱·地球博览会纪念公园）

4.14.3 水滨的复原

　　如我们在本书4.13.1小节"生物生境"中讲述的那样，在从水中到树林栖息着各种生物的情况下，与此同时也会出现许多植物。尤其在日本，江河、湖泊和海洋等水的形态更是多种多样，其形态不同，存在的植物也各异。而在水势较猛、水流较快的地方，植物则难以生长。此外，由于植物不喜欢海洋的水（盐水），因此在其周边也很少长有植物。

● 淡水

　　如系淡水，只要水深超过1m，水温便很难上升，少有植物生长于此。因此，如选择水滨栽种植物，其水深在1m以下为好。

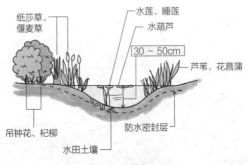

图4.98　水滨的复原

用于水滨的植物　　　　　　　　　　表4.28

	植物名称
湿生植物	杜若、花菖蒲、珍珠菜、鹅毛玉凤花、泽桔梗、章足草、野花菖蒲、水虎尾草、日本千屈菜、食虫草
抽水植物	阿魏梨、泽泻、香蒲、日本萍蓬草、三角蔺、菖蒲、水莲、偃麦草、纸莎草、菰、水葵、黑三棱、芦苇
浮叶植物	荇菜、芡、花镜盖、莼菜、田字草、莲、荸荠、睡莲、眼子菜
漂浮植物	浮萍、狸藻、鳖镜、水葫芦、囊泡貉藻
沉水植物	石菖藻、穗花狐尾藻、金鱼藻、水车前

● 海滨

　　盐分是植物讨厌的物质之一，没有植物喜欢生长在混入盐分的土、水和风中。在日本，当土和水中的盐分浓度高到一定程度时，几乎所有的植物都无法存活。因此，在靠近海水地方生长的植物十分有限。当涨潮的时候，波浪涌来，植物很难栖息。红树林是一种分布在海河交汇处咸水区域的植物林带。日本的西表岛等地，因近似于亚热带气候，故红树林的分布较广。至于构成红树林的树种，在西表岛主要是红菌和木榄等红叶科植物，其根部伸展在水中，生长缓慢。要使这样的天然红树林复原，则比山中森林的复原需要更长的时间。因此，关键的是不让其消失。

因为像黑松和罗汉松那样的常绿针叶树抗海风能力强，所以常被用作海上防风林和防沙林。即使没有海风直接吹来或者离得稍远的地方，都会受到一定影响。要想在靠近大海的区域复苏绿地，就必须充分了解海风所带来的影响。而且，假如存在沙滩，还有可能受到风和沙的共同侵袭，因此还要对这样的影响有充分的认识。

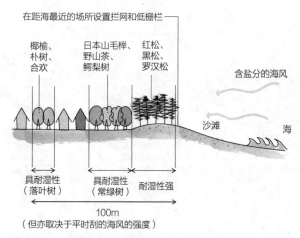

图4.99　距离海的远近与可栽种的植物

植物景观设计

　　我们将在本章详细讲述下面的内容，怎样对植物景观设计中的重要元素植物进行规划。

　　所谓"栽植"，如同词典中"培育草木"（《大辞林》，三省堂版）的释义一样，通常意味着栽培植物。然而，在建筑、土木和造园领域里，培育植物除了满足观赏的需要之外，还指这些内容：根据各种植物的功能特性及其管理方法，将其配置在适当的场所。如此一来，对于植物、区域和人来说，植物景观设计便通过植物的配置规划，使三者处于最和谐的环境之中。

5.1 | 作为景观处理的植物

在日本自然生长的植物约有7000种，其中的四成被认为是固有物种（所谓固有物种系指仅在某个国家或地区栖息、生长和繁衍的生物学种类）。除固有物种之外，一些不仅在日本能够看到，而且在亚洲或温带地区的自然中也广泛分布的则被称为本地物种；日本自然界中没有、从海外引进的被称为外来物种；经过改良的固有物种、本地物种和外来物种被称为园艺品种。由此可知，在日本国内能够看到种类非常多的植物。其中被作为景观植物处理的，是那些具有市场性和泛用性、培育和管理都比较简单的品种。包括苔藓类、羊齿类、草本类（通常称为草的植物）和木本类（一般称为树或树木的植物），经常使用的约有300种。其中特别重要的是木本类，它是景色的重心所在，也是整个项目最耗费工夫的部分。

图5.1　用作庭院树的常绿阔叶树桃叶珊瑚也是日本固有树种

5.1.1 | 关于木本植物

草与树的区别有各种分类方法，这里只简单地划分：将生长1~2年后茎干仍留在地表之上的叫做树，而茎干已不存在了的就叫做草。

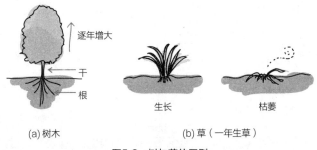

(a) 树木　　　　　　　　　　　(b) 草（一年生草）

图5.2　树与草的区别

● 树木的名称

日本国内发现或被利用的树木，均可按科、属、种3级分类，并有各自的名称。分类的程序如图5.3所示，种名是被植物图鉴检索使用的普通名称，也是该国的一般叫法。日本的叫法就是和名。植物规划通常使用普通名称（和名）。此外，还有用拉丁语表记的学名（Science name，科学名称），这是世界通用的名称。

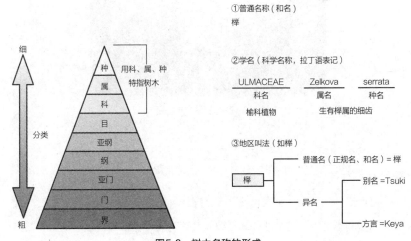

图5.3　树木名称的形成

近些年引进的外来物种，如（Hypericum Karishinamu，贯叶金丝桃）之类便不再起和名，大都用片假名直接表记拉丁语的发音。不过，流通领域的相关者和园艺界人士，有时也会给植物起一些诸如圣诞蔷薇和新娘面纱那样让消费者感到亲切的名字。自古以来，用作绿化和建筑材料的植物，除了和名，还有地方的叫法，在图鉴中被称为别名。

常用树木的别名

表5.1

树种名	别名
榉	Tsuki、Keya
四手、栎	梭罗
中国七叶	夏拉
铁冬青	毛械
刺楸	椮

图5.4　圣诞蔷薇（东方人）
圣诞蔷薇分为尼日尔和东方人2类。
东方人2~3月开花，一般将其称为圣诞蔷薇

● 常绿树与落叶树

树木依其叶子的一年变化被分成常绿树、落叶树和半落叶树等几类。常绿树如松和樟之类，均是那种终年枝繁叶茂的树木；落叶树中，枫类和樱类在秋冬寒冷季节叶子或呈红色，或随风飘落；半落叶树则是这二者的中间种，如野杜鹃和白蜡，在从秋到冬的季节里，特别寒冷时叶子就会脱落，若

天气比较暖和，几乎是不落叶的。常绿树的叶子始终生长着，直到整个树木衰老枯死为止，其中甚至有长达30年不落叶的。通常，常绿树的叶子每1～2年更新一次。在新芽萌生的春季，老叶脱落的数量更多一些。

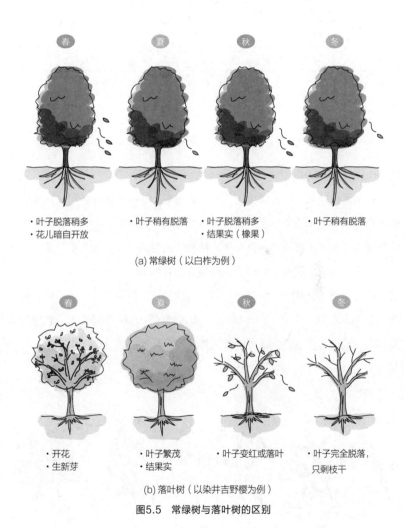

图5.5　常绿树与落叶树的区别

常绿树、落叶树的代表性树种   表5.2

常绿树	
高木、中木	红松、青冈栎、罗汉松、木樨、楠、铁冬青、杨桐、茶梅、珊瑚树、白柞、杉、鳄梨、美国岩松、雪松、全缘冬青、厚皮香、野山茶、山桃
低木、地衣	久留米杜鹃、小月杜鹃、车轮梅、瑞香、草珊瑚、海桐花、柃木、富贵草、朱砂根、紫金牛
落叶树	
高木、中木	椰榆、银杏、櫟、鸡爪枫、梅、朴树、柿树、榉、柞、小橡子、辛夷、百日红、垂柳、白桦、染井吉野樱、山茱萸、沙果、紫式部、大花四照花
低木、地衣	八仙花、龙爪柳、麻叶绣球、绣线草、吊钟花、鬼箭羽、蜡瓣花、棣棠、珍珠绣线菊、连翘

● **针叶树与阔叶树**

如果将针叶树与阔叶树做一个大致的分类，像樱类那样叶子呈椭圆状的或像枫类那样叶子呈手掌状的树木就被称为阔叶树；而像松类和杉树那样生着针状细叶的树木则被称为针叶树。植物学上的阔叶树均为被子植物，针叶树又是裸子植物。因此，我们看到的银杏和竹柏虽叶形较宽，但因系裸子植物，故仍归类于针叶树。针叶树与阔叶树的区别不仅在于叶子的不同，而且树木整体的形状（树形）也大致分为2类，通过针叶树和阔叶树二者的数目及排列方式的不同组合，便可以使其景观效果产生明显的变化。

·针叶树   ·阔叶树

红松   扁柏   竹柏   白柞   樟   鸡爪枫
罗汉松   花柏   染井吉野樱   月桂   大红叶
冷杉   八角金盘

图5.6 针叶树与阔叶树的代表性叶形

图5.7　树形横向扩展的阔叶树染井吉野樱与树形纵向伸展的杉

代表性的阔叶树和针叶树　　　　　　　　　　表5.3

| | 高木、中木 | | 低木、地衣 | |
	常绿	落叶	常绿	落叶
阔叶树	青冈栎、夹竹桃、樟、铁冬青、月桂、茶梅、珊瑚树、班蜡、白柞、冬青、鳄梨、广玉兰、大叶冬青、岑木、全缘冬青、野山茶、山桃	櫢、椰榆、杏、四手、鸡爪枫、梅、柞、榉、小橡子、水曲柳、辛夷、山茱萸、百日红、垂柳、染井吉野樱、中国七叶、大花海棠、四照花、乌饭、悬铃木、山樱、山法师	桃叶珊瑚、金雀花、紫杜鹃、石岩杜鹃、栀子、久留米杜鹃、杨桐、小月杜鹃、车轮梅、草珊瑚、海桐花、柃木、芦荻、柊木樨、木栀子、平户杜鹃、南天竹、朱砂根、紫金牛、山白竹、毛竹、阔叶山麦冬	八仙花、绣球花、海棠、麻叶绣球、小紫式部、绣线草、满天星、鬼箭羽、庭梅、溲疏属、蜡瓣花、三叶杜鹃、结香、棣棠、珍珠绣线菊、连翘
针叶树	红松、土松、伊吹米登、黑松、杉、美国岩柏、扁柏、雪松、利兰柏	银杏、日本落叶松、水杉、落羽杉、	东北红豆杉、垂岩杜松、红桧	

● 树木的形状

　　绿化使用的树木要按照指定的形状设计和栽植。形状用树高（H）、叶展（W）和树围（C）三者的尺寸表示。树高指自根部至顶端的尺寸，不计入单枝条突出（徒长枝）的长度。叶展也是一样，不算个别突出部分，只测量其枝条均衡展开的尺寸。树围系指自地面向上1.2m处的树干周长；如有下枝，则需标记树围定在距地面多高处。若系丛生树木，会自地面长出

多支树干，则取其所有树干周长的总合再乘以0.7所得的值为树围。高度2m
以下的树木，虽已分枝，但枝条过细，暂不测量其树围，先确定叶展和树
高的值。

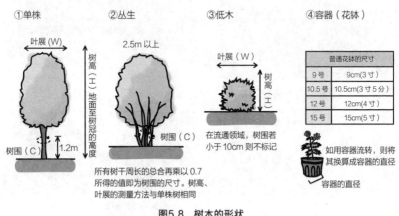

图5.8 树木的形状

　　与植物图鉴和植被调查等采用的分类不同，在制定绿化规划时，按照树
高将植物分成高木、中木和低木等几大类。虽然并无严格的规定，但多半都
作这样的区分：将树高2.5m以上的树木确定为高木；中木的树高为1.5~2.5m
之间；低木的高度为0.3~1.5m。

高木	中木	低木
2.5m 以上	1.5～2.5m	0.3～1.5m

图5.9　按树木的高度分类

● 阳树与阴树

这是根据树木生长需要的日照量所作的分类。原本生长在朝阳的场所、喜欢日光的树木被称为阳树。反之,那种厌恶日光、喜欢潮湿阴暗环境的树木则被称为阴树。此外还有一种介于阳树与阴树二者之间、喜欢适度的日照和日阴的树种,叫做中庸树。

阳树适合用于南侧阳光充足场所的绿化,阴树适合栽植于日照很差的北侧,或者绿化时作为其他树木日阴中的下木。中庸树在整个上午都喜欢阳光,但到了下午便讨厌日晒。因此,应将其配置在上午向阳场所。阴树中也有类似扁柏那样能在日照好的地方生长的树种;可是,阳树几乎都不能在日照差的场所发育。

图5.10 红松是典型的阳树

具代表性的阳树、阴树   表5.4

	中木、高木	低木、地衣
极阴树	银杏、犬黄杨、钓樟、龙柏（成树为阳树）、柊、柊木樨、扁柏	桃叶珊瑚、楤木、瑞香、草珊瑚、朱砂根、八角金盘、紫金牛
阴树~中庸树	白柞、德国桧、乌饭	八仙花、绣球花、白山吹、南天竹、桂竹、遮阳杜鹃、柃木、棣棠
中庸树	无花果、野茉莉、巴拿马白蜡、辛夷、花柏、四手辛夷、杉、吊花木、中国七叶、枇杷	大花六道木、藤黄、旌节花、花椒、土佐水木、水晶梅、金丝桃、绣线菊、三叶杜鹃、紫杜鹃、蜡梅
中庸树~阳树	鸡爪枫、朴树、桂树、柞、月桂、小橡子、东亚唐棣、日浆果、弗吉尼亚栎、西洋杜鹃、冬青、鳄梨、山茶类、橡木、绣球穿心莲、白云木、山茱萸、壳斗科、真弓、冷杉、粉团、山法师、山桃、紫丁香、髭脉桤叶树	蝴蝶戏珠花、柏叶紫阳花、宽叶香蒲、小叶山茶、金丝梅、栀子、小栀子、绣线草、茶树、鬼箭羽、海仙花、疾槐、阿里山溲疏、平户杜鹃、藤、臭牡丹、结香、珍珠绣线菊

续表

	中木、高木	低木、地衣
阳树	梧桐、红松、椰榆、鸡冠刺桐、青冈栎、乌冈栎、梅、橄榄、贝家伊吹、光叶石楠、木梨、柽柳、木樨、银叶刺槐、栗树、铁冬青、榉、樱类、百日红、山楂、山茱萸、公主花、垂柳、九芎、班蜡、紫木莲、白桦、广玉兰、冬槭、黄栌、美国岩柏、紫荆、花桃、日本榆、费约果、密蒙花、正木、日本山毛榉、金缕梅、木槿、全缘冬青、厚皮香、苹果	溲疏、落霜红、金雀花、迎春花、大紫杜鹃、夹竹桃、石岩杜鹃、香桃木、金眼黄杨、草黄杨、麻叶绣球、侧柏、小月杜鹃、车轮梅、吊钟花、红花金缕梅、海桐花、秋田胡颓子、庭梅、中国苔、垂岩杜松、胡枝子类、杞柳、芦荻、蔷薇类、蜡瓣花、火棘属、芙蓉、银色女贞、蓝莓、木瓜、黄杨、小黄杨、小蘖、山樱桃、连翘、迷迭香

5.1.2　关于草本植物

　　草本植物大致分为一年草、宿根草和球根草等几类。一年草从发芽、开花、结果，直到枯死的整个周期约 1 ~ 2 年，如紫花地丁和牵牛花那样，要靠种子繁殖。宿根草的根会始终保留下来。例如紫萼在冬季其地上部分枯萎，到了夏天重新变绿；而剑兰的地上部分则全年都保持绿色。球根草是宿根草的一种，其根、茎和叶之局部因蓄存养分而变得肥大，最终成为球根。虽然国外也有全年不枯萎的一年草品种，但是归根结底还要以在日本生长的草种作为分类的依据。按照植物规划频繁轮植栽种的一年草之类，第二年种子会向周边飞散，并将在更大范围内生长，因此在图纸中多半都表现为"季节之草"的形态；而草本植物中的宿根草和球根草，则要在配置计划中详细填写树种和形状等内容。

图5.11　一年草三色堇

图5.12　球根草郁金香

图5.13　宿根草紫萼（夏绿性）

图5.14　宿根草凹叶景天（常绿性）

植物规划常用的草本类　　　　　　　　　　表5.5

一年草	球根草	宿根草（夏绿性）	宿根草（常绿性）
牵牛花、三色堇、鼠尾草	美人蕉、德国鸢尾、郁金香、石蒜、紫花风信子、天香百合	落新妇、败酱、桔梗、紫萼类、秋海棠、秋牡丹、白芨、金盏菊、德国铃兰、花韭、萱草、勿忘菊、结缕草、高丽草	百子莲、凹叶景天、万年青、吉祥草、圣诞蔷薇、草樱、蝴蝶花、麦冬、葱莲、珠龙、木贼、熨斗兰、哈兰、花斑剑兰、松叶菊、剑兰、沿阶草

5.1.3 地衣植物

在树木高度项下，做高木、中木和低木的分类。低木再往下的类别是地衣。顾名思义，地衣系指那种覆盖地表、长得很矮、分布很广的植物，故而亦称地被。尽管也有用在点上的，但是多数还是在面上单一使用，因此具有沿水平方向延伸的性质。作为地被使用的代表性植物有草皮类、细竹类、羊齿类和苔藓类等。

● 草皮类

分为日本草和西洋草，日本草有结缕草和高丽草等。在宿根草中，有的品种夏季呈绿色，到了冬季上部枯萎。通常，结缕草和高丽草被切成约30cm×40cm的方块出售，栽植时表面覆盖毡毯。植入后其地下茎会向四处扩展，如果环境适宜。生长很快。大约1年左右，每块草皮基本可以覆盖30cm见方的土地面。

西洋草有夏型草和冬型草2类；但一般所说的西洋草多指冬型草，如早熟禾类和三叶草类。由于冬型草不耐暑热和窒闷，喜凉爽气候，因此在日本关东以南地区，冬季也长得绿油油的。不过，多年草种子的逐年飞散，易使草坪变得斑驳不美观，要使其保持均衡，便须每年播种。

图5.15　细高丽草（百花百草园）

图5.16　以毛竹做地衣例（横须贺美术馆）

● 细竹类

在日本的山野中，根本看不到自然状态下全部以草皮覆盖的景色；但地表大范围为细竹所遮掩的情景却随处可见。因其适应环境，故生长十分茂盛，甚至掩盖了其他低矮的树木和草本类，从而成为日本具代表性的地衣类植物。其中有身高叶肥的山白竹、稍小一点儿的龟竹，以及使用非常普遍的毛竹。经常修剪这些细竹，使其保持较低的高度，便可营造出草坪和假山那样的风景。

● 羊齿类、苔藓类

细竹类生长在日照较差、湿气较重的地方。在这样的环境中，草皮类不能很好发育。不好的日照条件催生了羊齿类和苔藓类，虽然其中有的也喜阳光充足的场所，但是一般说来如果湿度不高的话就不能生长。

绿化中利用苔藓类，可以说是湿度较高的日本独有的绿化方法。苔藓几乎没有根，依靠茎叶蓄水。因其直接从茎叶吸收水分，故多生长在湿度高的地方或易生朝露的场所。然而，如果排水不良亦容易枯死。因此，应将其用在这样的场合，该场合能够营造成湿度高、排水又很顺畅的环境。

与苔藓类一样，将羊齿类用于绿化也是日本独有的方法。早在江户时代，人们就培育了许多园艺品种，几乎成了嗜好品的羊齿类是老百姓身边的植物。羊齿类虽喜潮湿，但也如同苔藓类那样讨厌水的滞留。因此，需要为其构筑排水良好的环境。苔藓的栽植采用铺敷的方式；而羊齿类则是用盆栽植入。无论是苔藓类还是羊齿类，都要比草皮类和细竹类生长缓慢。如果要大面积地覆盖地表，必须采取先用植物覆盖一部分的方式。

第 5 章　植物景观设计　　181

绿化常用的代表性羊齿类和苔藓类　　　　　　表5.6

羊齿类	苔藓类
凤尾草、卷柏、南洋山苏花、草苏铁、掌叶铁线蕨、鞍马苔、十字蕨、块茎蕨、木贼、箱根羊齿、红盖鳞毛蕨、细叶苏铁	杉苔、金发藓、伞苔、砂苔、灰藓、桧苔

5.1.4 特殊树种

还有一些绿化中使用的植物是无法在树木和草本类中分类的，如椰类、苏铁和竹类等。

● 椰类、苏铁

椰类多用于营造热带风光的氛围，可栽植在温暖场所、亚热带区域靠近海岸阳光充足的地方。因其原产于热带地区，故不能在关东北部和关东以北等地栽植。表5.7中的椰类均系生长在阳光充足地方的品种；但其中的东棕榈和棕榈也可以栽植在日照较差的地方。苏铁是自生于九州南部的植物，从安土桃山时代开始就被广泛地用于庭园之中，亦可植于比较寒冷的地方；但越冬期间要将其缠绕起来。此时的形态往往成为人们感叹季节更迭的话题。

代表性椰类　　　　　　表5.7

关东以南地区	加那利椰、大丝葵、华盛顿棕榈、亚太椰
冲绳县周边亚热带地区	八重山椰、小黑黄杨、蒲葵

图5.17　加郎利椰

图5.18　华盛顿棕榈

图5.19　芭蕉

其他还有看上去与椰近似的芭蕉。它也是算是香蕉的同类，与其说是树木，不如将其看作草本植物。一般3年左右枯死，然后又复苏再生。宫古岛上的芭蕉布，就是用芭蕉叶的纤维织成的。

● 竹类

　　竹类中有日本自生的箭竹和东根细竹。常被用于绿化的孟宗竹和刚竹则是古代由中国传入，如今已在日本的风景中牢牢地站住了脚。孟宗竹和刚竹的地下茎向四周生长、占据的面积很大，因此若不限定其伸展的范围，便可能危及其他绿地的存在。实际上，山区里到处都是那种不加管理的竹林，在很多地方已给自然林造成威胁。冲绳地区常见竹类中的琉球竹则与此不同，琉球竹的地下茎伸展范围不大，株干自身长得又高又大。

　　至于竹类的寿命，如只看单株，就像"雨后春笋"那样的说法，春季发出新芽后，每天可长高1m左右，数日可达5～6m。约7～8年枯死，结束一生。但从竹林整体着眼，因还是未枯死的竹子占大多数，故会给人以多少年也不枯死的印象

图5.20　孟宗竹林

5.2 │ 树种的选定

究竟要将功能的重点放在何处，因绿化空间的不同而各异；树种的选择要着重考虑以下3个功能。

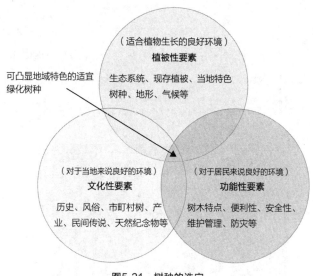

图5.21　树种的选定

如果是对周围产生很大影响的空间，重点要放在植被性要素上；而在住宅集中的地方，则应充分考虑到功能性要素；对于私人空间来说，其重点要放在文化性要素方面。

5.2.1 │ 植被性要素

关于日本的植被，如同我们在第2章的"基础调查"一节中所讲的那样，南北狭长的日本，其水平分布的植被是很不相同的。不仅如此，由海拔高度决定的垂直分布的植被也不一样。大体说来，寒冷地区是落叶树，温暖地区是针叶树。要在充分了解自然中生长着什么样的树木，或者在调查潜在自然植被的基础上选择最适宜当地生态条件的树种。然而，仅仅这些还不够，假如没有考虑到项目占地的地形等要素，以及日照和湿度等气候条件，营造的景观也不会完美。因此，也不可忽视土壤条件和气候条件。

5.2.2 文化性要素

对于一个地区来说，只用单纯的植被要素围绕调和的植被做文章的话，便很难表现出当地的特点和个性，使全部占地为清一色的植物所覆盖。因此，应该将思维稍稍脱离植被的概念，从当地特产和天然纪念物的视角选择树种，或者从各地方政府指定的县树、县花、市树和市花中遴选。但凡为利用者（业主）青睐的树种，都可以被用来营造让本地居民倍感亲切的绿地。

● 由地方政府选定的植物

在都道府县、市町村区等，多数都有指定的县树、县花和县鸟等。因为做决定之前多半要征求市民的意见，并且都想表达自己的看法，所以投票很是踊跃。不过，在大多数情况下，最后确定的树木、花草和鸟类，不一定是当地特有的，反而是那些人们耳熟能详的品种。譬如，将樱指定为市树的就有大阪、德岛和弘前等城市；指定杜鹃的城市有北九州、和歌山和鲭江等；指定松的有沼津市、浜松市和福井市等；指定八仙花的有长崎市、成田市和东京都港区等。还有一些虽得票数不多、但作为植根于当地品种代表而被指定的。例如，千叶县八千代市的玫瑰，指定的原因是那里有栽培和销售名品玫瑰的玫瑰园；还有兵库县淡路市栽培着大片的康乃馨，类似这样拥有植物关联产业的地区，便将那里盛产的花卉指定为市花。因此，栃木县的县树"栃の木"就成了县名的由来。

图5.22　千叶县八千代市的京成玫瑰园

● 与天然纪念物和历史关联的植物

　　有很多场所将植物作为天然纪念物，如岩手县盛冈市的垂枝桂、福岛县三春町的垂樱和千叶市的大贺莲花等。作为天然纪念物的许多植物，既有自然植被中的物种，也有突然变异的植物，再不就是传说由伟人亲手栽植等等。总之，都是当地自古以来就存在的植物，可被看作地区的象征。尽管都登不了大雅之堂，但是类似垂樱那样随处可见的树木却能够发挥应有的作用。

图5.23　福岛县三春町的樱树

● 与利用者（业主）相关的树种

　　在日本，每个家族都有自己世代相传的纹饰，叫做家纹。由于家纹多采用植物的图案，因此也可以将这种植物作为某种象征性的主题。例如著名的德川家葵御纹，亦被称为三叶葵，据说就是将马兜铃科的薄叶细辛图案化创制的。

作为家纹的植物		表5.8
家纹名	主题植物
三叶葵	薄叶细辛
垂藤、立藤	藤
梅花、圆钵梅	梅
五三桐、五七桐	桐

图5.24　垂藤的家纹

　　因为有很多姓氏都使用了植物的名称，诸如"杉"、"松"、"樱"、"楠"、"桂"、"榎"、"梅"和"菊"等，所以能够将其用作象征性的主题。而且，到了江户时代栽培日隆的杜鹃类、山茶类、梅类和樱类等的园艺种，大都由原创者凭着自己的想象为其命名，因此也很容易发现其中与姓氏和家业之间的渊源。

园艺种树名一览	表5.9

	植物名
杜鹃类	石岩杜鹃、久留米杜鹃、平户杜鹃、小月杜鹃、琉球杜鹃、映山红、
樱类	银杏、关山、章月、染井吉野樱、红垂枝樱、天河、启翁樱、鸡尾、豆樱、十月樱、冬樱、骏河台香樱、御衣黄、江户樱、杨贵妃
梅类	迎春花、东治、春日、白难场、花神、远洲垂枝、大力、大林绿谷、月光、红藤、佐桥红、皋月树、冬李梅、直角梅、照水梅、宫粉梅、龙游梅、绿萼梅、玉蝶
山茶类	石笔木、大头茶、木荷、圆籽荷、紫芝、折柄茶、核果茶、茶梨、玛瑙、鹤顶红、宝珠、一捻红、照殿红、蕉蕾白宝珠、正宫粉

图5.25　名为杨贵妃的樱

图5.26　名为太郎冠者的山茶

5.2.3　功能性要素

所谓功能性要素，系指与树木栽植有关的市场和价格等方面的因素，以及因出于防灾、防火和防盗等需要配植树木而产生的要素。

● 市场、价格

植物既有人工栽培的，也有野生伐采的。人工栽培的植物占其中的大多数，很容易得手。因此，价格也比较便宜。其次就是野生伐采的植物，由于数量较少，加之搬运困难，故而价格日益走高。即使人工栽培的植物，如果是从很远的地方购进，因为运费不菲，所以最终的价格也会变得很高。据此，从功能性的角度考虑，最好的办法是在当地就近大量栽培植物，或者利用郊区山野中自生的物种。在关东地区，不仅由人工大量栽培常绿阔叶的白桦，而且山中自生的也很多。可以说，对白桦的有效利用，恰好体现了关东这方面的功能性优势。

广为栽培的代表性树种　　　　　　　　　　　　表5.10

	常绿树	落叶树
高木	黑松、青冈栎、乌冈栎、樟、白桦	鸡爪枫、柞、榉、小橡子、辛夷、染井吉野樱、四照花（白）、流苏树、乌饭、山法师
中木	茶梅、西洋红光叶石楠、野山茶	大花海棠、紫荆、金缕梅、木槿、紫丁香、腊梅
低木	大花六道木、紫杜鹃、石岩杜鹃、小月杜鹃	八仙花、绣球花、吊钟花、棣棠、连翘

● 遮蔽效果

如果将树木栽植得很稠密，就变得像一堵墙那样，对来自四周的种种侵入可以起到阻挡作用。由此，就使树木具有了防烟、防火、消声和防灾等功能。要使其产生遮蔽效果，那种叶子生长很稠密，而且终年绿色不落叶的常绿树，这样的功能性最高。若在寒冷地区，无法利用常绿阔叶树。只能选择常绿针叶树。

耐火的代表性树种　　　　　　　　　　　表5.11

高木	罗汉松、花柏、贝冢伊吹、扁柏、青冈栎、乌冈栎、白柞、弗吉尼亚栎、鳄梨、日本山毛榉、山桃
中木	罗汉松、贝冢伊吹、美国岩柏、青冈栎、犬黄杨、木樨、杨桐、茶梅、珊瑚树、正木、柊木樨、野山茶
低木	犬黄杨、车轮梅、草珊瑚、茶树、海桐花、日本女贞、芦荻、平户杜鹃

尤其是枝叶带刺的树木，让人看了碰都不想碰，假如真的接触会很痛，因此具有很强的防范作用。

生有棘刺的代表性树种　　　　　　　　　表5.12

常绿树	落叶树
枳、柊、柊木樨	五加科、花椒、野蔷薇、疾槐

如果在住宅区四周构筑一道道绿色的树篱，代替原来用砌块和混凝土建造的结构物围墙，景观将为之一变，并形成一个无论从视觉，还是环境方面都十分良好的空间。

说到构筑方法，若想建成一道高1.5～2.5m左右的绿篱，一般要每隔1m植入3棵常绿树。因树木的下半部枝条稀疏，空隙较大，为防止有人从中穿过，最好在其间再密植高0.3m左右的常绿低木。从防范的角度着眼，绿篱的高度最好在2m以上。

为防止邻舍发生火灾时火势蔓延或其建筑倒塌时殃及自家，通常住宅与住宅之间建有高达4～8m砌块围墙。如改换成绿篱，尽管栽植高树的间距只有1～2m，但其下半部仍然露出很大的空隙。为此，应将高0.5m左右的常绿低木和高2m左右的常绿中木混合植入其间。

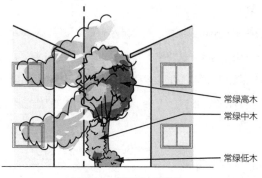

　　常绿高木
　　常绿中木
　　常绿低木

图5.27　用于防火的绿化

● 资材

　　从历史上看，日本的建筑物和结构物都使用植物作为材料。即使现在，杉、柏和松也被用作建筑材料中的结构材料；樱和榉则被作为饰面材料和装饰材料。用竹类编织筐篓和扫帚等工具；小橡子和乌冈栎被用来烧炭。

　　栽种的植物，我们不仅可以欣赏它逐渐成长的样子，而且经过伐采和加工，还能够变成各种形态为人们所利用。

可作为资材利用的主要树木　　　　　　　表5.13

用途	树木名称
建材	扁柏、杉、罗汉松、犬黄杉、日本落叶松、花柏、厚皮香、橡木、桉
工具	红松、云杉、黑松、冬青、全缘冬青、光叶石楠、厚皮香、白桦、野茉莉、钓樟、真弓
烧炭	乌冈栎、麻栎、栗、日本落叶松、杉

● 粮食

　　类似栗、柿和葡萄等果实可食用的树木也有很多。在江户时代，有的地方政府积极推行大量栽植果树作为庭院树木，目的就是为了一旦发生饥荒，可以将这些树木结的果实当作粮食利用。要想使果树健康成长，良好的管理自然是必不可少的；不过，即使只做普通庭院树和行道树那样的管理，往往也能结出果实。

管理简单的果树　　　　　　　　　　　　　　表5.14

常绿树	金橘、酸橙、枇杷、费约果、山桃、柚
落叶树	无花果、梅、柿、木梨、猕猴桃、梨、葡萄类、沙果、蓝莓、木瓜、榅桲、桃、山樱桃

● 安全、健康

有的植物结的果实是不宜食用的、甚至含有致死的毒素；还有的像杉树那样，成为花粉症患者发病的原因。即使在城市里也可能接触到有毒植物，例如为对抗大气污染和干燥而配置在高速路两侧的植物带，其中选种的夹竹桃就是有毒植物的代表树种。反之，在森林里漫步，往往会沉浸在森林的精华素中，享受一次森林浴。森林浴的精华素芬多精，原本是树木出于自我保护的需要而分泌的一种具有杀菌力的挥发物质，据说对人也有康复和安神的效果。能够大量分泌芬多精的树种都是扁柏和杉之类的针叶树，想要享受一次森林浴，最好的方式就是去针叶树林里走一走。

类似这些植物的特性，都是应该了解并加以利用的；而且，对于是否引入有毒植物，如果要引入的话，只能利用孩子们的手触及不到的部位，等等，这些问题都必须逐项加以斟酌。

主要的有毒植物　　　　　　　　　　　　　　表5.15

木本	梫木、毒空木（种子）、楤（叶、果实）、红花曼陀罗、金银花、夹竹桃（全身）、毛漆树
草本	半边莲、毛狐牡丹、水仙、粳稻莨菪、乌头、（重复出现）、山牛蒡（根）、毛茛、石龙芮、凤仙花、宝铎草、鬼蒟蒻、石蒜（鳞茎）、鸭上户

括弧（ ）内为植物剧毒部位

5.3 草木栽植要点

　　树种选定之后，就要考虑下面这些问题：确定怎样的栽植密度、选用多大的苗木、植入什么位置、配置是否均衡等等。而且，还要连施工的情况也一并考虑到。

5.3.1 栽植密度

　　绿化植物的栽种密度（pitch），取决于植物能长多大，以及管理的频度如何。假如想要一开始就构筑出为树荫覆盖的绿地空间，便应在绿化施工之际，让树木与树木之间接近到枝条几乎彼此相交的程度。至于树木的形状，可参考《建设物价》月刊和预算资料中的记载，或者按照地方政府的要求决定之。再以此作为依据，确定栽植密度。

● 低木、地衣

　　图纸上，对低木和地衣采用每$1m^2$○○株的标注方法，将具体数字填入圆圈内。譬如，《建设物价》中刊载的小月杜鹃，高度分别有0.3m和0.4m的2种，若选用高0.3m的，其叶展为0.4m，要做到枝条彼此相接，每$1m^2$应该植入5～9株苗木。假如仅要达到有一点儿被覆盖感觉的程度，植入的数量也可以少于4株。地衣中常用到的小熊笹，《建设物价》中刊载的品种为3株丛生，容器直径10.5cm，要想一开始就形成绿荫覆盖的状态，每$1m^2$应植入50株以上；若是生长数年后再达到这样的程度，每$1m^2$植入25株左右即可。

配植方案 I
栽种间距 10cm
植入株数 10000Pot/100 m²

(100/1 m²)

配植方案 II
栽种间距 12.5cm
植入株数 6400Pot/100 m²

(64/1 m²)

配植方案 III
栽种间距 15cm
植入株数 4444Pot/100 m²

(44/1 m²)

配植方案IV
栽种间距 20cm
植入株数 2500Pot/100 m²

(25/1 m²)

配植方案 V
栽种间距 25cm
植入株数 1600Pot/100 m²

(16/1 m²)

配植方案 VI
栽种间距 30cm
植入株数 1111Pot/100 m²

(11/1 m²)

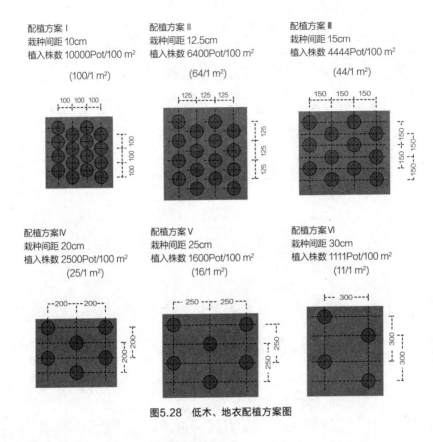

图5.28　低木、地衣配植方案图

主要低木、地衣栽植密度表   表5.16

高度	形态	树种名	形状尺寸			平均密度（株/m²）	高密度（株/m²）	平均密度（株/m²）
			高度	叶展	容器直径			
低木类	常绿阔叶树	大花六道木	0.6	0.4	—	4	6	3
		小叶山茶	0.4	0.5	—	4	5	3
		小月杜鹃	0.4	0.5	—	5	6	4
		海桐花	0.6	0.5	—	4	5	3
		平户杜鹃	0.5	0.5	—	4	5	3
		芦荻	0.5	0.4	—	6	9	4
		桂竹	0.6	3株生	—	4	6	3
	落叶阔叶树	八仙花	0.5	3株生	—	3	5	2
		绣线草	0.5	3株生	—	6	9	4
		蜡瓣花	0.8	0.4	—	4	6	3
		珍珠绣线菊	0.5	3株生	—	4	6	3
		连翘	0.5	3株生	—	4	6	3
地衣类	常绿	小熊笹	—	3芽生	10.5cm	44	70	25
		蝴蝶花	—	3芽生	10.5cm	36	64	25
		珠龙	—	3芽生	7.5cm	44	70	25
		富贵草	—	3芽生	9.0cm	36	64	25
		大麦门冬	—	3芽生	10.5cm	36	64	25
	藤蔓植物（作为地衣使用）	常春藤	L=0.3	3株生	9.0cm	25	49	16
		白斑常春藤	L=0.3	3株生	9.0cm	16	36	9

● 高木、中木

栽植高木时，重要的是将其维持到多大。阔叶树大都呈现肥大的树形，其叶展几乎与高度持平。因此，考虑到将来长大后的状况，其设定的位置与建筑物、结构物和其他树木之间的距离应该为树高的1/2左右。像杉之类（松除外）的针叶树，因为叶展非常小，可将间距设定为树高的1/4～1/3。要营造树林那样的形态，可仿照自然森林中高木的分布状况，一般间距为3m的样子。另在高木之间植入中木、低木和地衣。

关于行道树的间距，读者可参看本书第4章4.2节"街道规划"的内容。

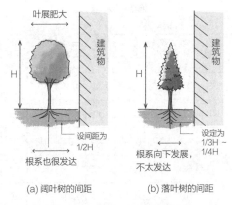

图5.29　高木与建筑物的间距

　　树木栽植后仅过去1年左右，只要对环境适应，就可能长大，必须对其进行修剪。大体上说，落叶树成长更加迅速，针叶树的生长比较缓慢。因此，即使将常绿树栽得稍微稠密一点儿，在管理上也并不多费工夫。

　　要栽植树木，必须确保地下的收容空间。因为树木在生长过程中，根系会不断向周围延伸。供人工栽植的树木，根系在运输过程中都被缠绕着，植入树坑时必须保证根球的完整。为此，必须将树坑挖得足够深、足够大，以使置于树坑内的根球周围和底部留出10～30cm的空隙。表5.17列出了树坑的尺寸标准，须注意因树种不同，树坑的尺寸亦有差别。

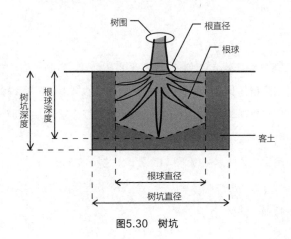

图5.30　树坑

根球、树坑表　　　　表5.17

树围 (cm)	基本规格									树坑规格				
	根直径 (cm)	根球直径 (cm)	根球高度 (cm)	树高 (m)	根球体积 (m³)	根球重量 (t)	根枝重量 (t)	树木重量 (t)	树坑直径 (cm)	树坑深度 (cm)	掘坑土量 (m³)	回填土量 (m³)	残土量 (m³)
25以上	9.5	51	38	4.0	0.078	0.101	0.012	0.113	93	47	0.318	0.240	0.078
30以上	11.4	58	42	4.3	0.111	0.144	0.018	0.162	102	52	0.424	0.313	0.111
40以上	15.2	72	47	4.9	0.191	0.248	0.037	0.285	118	57	0.622	0.431	0.191
50以上	19.1	86	53	5.5	0.308	0.400	0.066	0.466	135	64	0.913	0.605	0.308
60以上	22.9	100	59	6.0	0.463	0.601	0.103	0.704	152	70	1.267	0.804	0.463

（摘自《公共住宅户外建设工程预算标准1997年度版》）

5.3.2　树木的形状

　　绿化施工中栽植的树木如果是高木，很少选用自然生长高度超过10m的树木，从运输和施工的经济性考虑，高度4m左右的树木最为适宜。前面提到的《建设物价》月刊，其中登载的较高树木有榉和樟，高度可达7m。多半作为大形象树利用的榉不仅长得很高，而且横向生长的范围也很大，必须为其留有足够的叶展空间。选择树木的高度，要在考虑栽植场所、建筑物高度和能够管理的范围等因素后再作决定。

● 高度

　　植物图鉴涉及高木，例如榉，常常见到其中有"树高可达15～20m"之类的说法。这是指任其自然生长、经过长期发育的例子；在用于绿化时，除了要达到复原自然森林的目的，还要考虑其是否符合建筑、空间和街道的形象，将树木高度控制在管理和运输可及的范围内。

　　若是住宅，配置树木高度平房4m以下、2层建筑8m以下，在此范围内均可利用。在管理方面应重点考虑，将树高控制到这样的程度：无论登梯子还是借助建筑物都可触及。

集体住宅和学校之类中等高度的建筑物，可选配高度10m以下的树木。

高层、超高层建筑，以及大型公园的广场，如果是管理用重型机械便于开入的场所，可栽植高度超过10m的树木。不过，因为高度10m以上的树木一旦倾倒则须由车辆搬运，所以栽植处必须靠近可通行大型车辆的道路。而且，栽植高度超过10m的大树，起吊用机械的体积也很庞大，需要有可安置这类设备的空间。

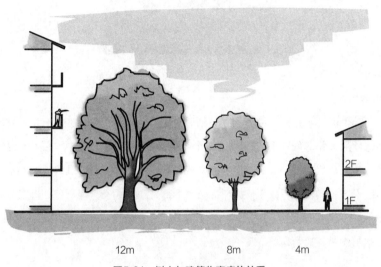

图5.31　树木与建筑物高度的关系

图5.32　使用吊车的绿化施工

● **叶展**

叶子向外扩张的范围（叶展）也对绿化场所有很大影响。由于大多数阔叶树叶展扩张的程度都与其树高相当，因此在进行绿化栽植时，必须考虑到阔叶树长成后横向伸展的范围可能有多大。同时，因根系伸展的程度也相当于叶子扩张的范围，故不仅要考虑树的上部，还应顾及其地下部分占有多大空间。在独栋住宅栽植1棵高木的情况下，树木与建筑之间的距离至少2m；若栽植中木距离为1m。

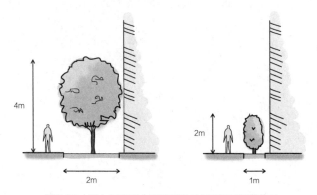

图5.33　树木与建筑之间的距离考虑到根系伸展范围

在土地价格昂贵的城市中心区，绿化多半要在狭窄的空间里进行。因此，往往选植树形不太肥大的树木（针叶树种），其中具代表性的有榉类中的大叶胡颓子。榉的特征是形如一把大蒲扇，枝条向外扩张；然而，大叶胡颓子的叶展却只有普通榉的1/4左右，因此常被用来作为狭窄步道空间的行道树，或将其培植成狭长的绿化带。

几乎所有中木的叶展都没有高木那样大，很容易被控制在其高度的1/4左右。低木的高度与叶展差不多是一致的，或高度略大于叶展。因此，事先设定的横向距离应与高度空间相同。特殊树种如椰类，尽管有叶的部分长得不高，但是树干部分却很高大，故而在指定形状时，要将树干尺寸明确标记出来。

图5.34　大叶胡颓子行道树

这一高度包括叶的
部分，非指定高度

树干高度（H）

图5.35　椰类的树形

● 树围

　　虽然低木和中木是并未指定的，但是栽植高木时要指定其树围尺寸。树木经过修剪后，会使高度和叶展的尺寸发生变化，并且也可以在施工后进行修正；但树围是无法修正的。因此，树围便成为树木形状的重要元素。由于较粗的树木体量也大，在运输过程中需要依靠更多的人手、甚至使用机械，因此将对施工时间和工程费用产生很大影响。

　　测量树围的位置在自根部向上1.2m的地方；假如在该位置有分叉的枝条，可做上下调整，并将其记载入册。

　　若系丛生树木，其值应为逐株测其树围后相加之和再乘以0.7，而且还要标记是几株丛生，如3株丛生、5株丛生……

图5.36　白桦的丛生状

5.3.3　树木重量

在做屋顶绿化、人造场地绿化和墙面绿化时，树木重量是个大问题。我们在"屋顶绿化"一节中已经讲过，由法律对建筑物和结构物的积载负荷作出规定，屋面不是绿化的场所。它所具有荷重能力，只适合于正常情况下的利用。因此，如在其上进行绿化，便需要在计算出植物、土壤和基盘材的总重量之后，才能确定屋面的积载负荷应该是多少。需要注意的是，但凡现存建筑物，屋面的积载负荷几乎都达不到这样的标准。关于树木的重量，即使种类和高度相同的树木，其枝条的伸展状况和叶子的生长形态等，也没有完全一样的。因此，表5.18所列的数值只能作为设计时的参考。而且，因为树木逐年成长，所以有必要设定其最终大小的限度。此外，树木的重量还表现出这样的倾向：降雨时因含水量多而加重，连续干旱时又稍稍变轻。

与树木重量相关的另一个要点，就是将树木固定在建筑物和结构物之前那个阶段的运输问题。要立起很重的大树，必须借助大型吊车，并且有可供大型吊车通行的道路。由此也带来诸多问题，如要不要平整出安放吊车的土台，能否确保空中部分足够宽敞，不致让回转的起重吊杆挂碰电线等。

主要树木的重量   表5.18

树种		树种名	规格			平均重量(kg)
			树高(m)	树围(m)	叶展(m)	
高木	常绿阔叶	青冈栎（丛生）	3.0	0.20	—	125.0
		樟	5.0	0.60	2.00	850.0
		白柞	4.0	0.25	1.20	200.0
		山桃	3.5	0.25	—	150.0
	落叶阔叶	野茉莉（丛生）	3.5	—	—	75.0
		榉	5.0	0.30	2.50	217.5
		榉（丛生）	6.0	—	—	500.0
		辛夷	3.5	0.15	1.20	100.0
		染井吉野樱		0.12	1.00	39.0
		四照花	3.5	0.20	—	100.0
		山樱	4.0	0.18	1.80	75.0
		山法师	3.5	0.20	—	100.0
中木	针叶	伊吹米登	1.8	—	—	14.6
		金翠园	1.5	—	0.40	11.5
	常绿	木樨	2.0	—	0.70	41.0
		茶梅	2.0	—	0.60	29.0
	落叶	紫木莲	2.0	—	—	17.5
		木槿	1.8	—	0.50	10.0
低木	针叶	侧柏	0.6	—	—	9.0
	常绿	桃叶珊瑚	1.0	—	0.70	12.0
		大花六道木	0.5	—	0.30	1.7
		小叶山茶	0.3	—	0.30	1.8
		栀子	0.5	—	0.30	1.3
		小栀子	0.2	—	0.30	0.6
		小月杜鹃	0.3	—	0.40	2.9
		瑞香	0.5	—	0.40	3.3
		吊钟花	0.6	—	0.30	4.7
		平户杜鹃	0.5	—	0.50	3.6
	落叶	八仙花	0.5	—	—	2.6
		棣棠	0.5	—	0.30	1.4
		珍珠绣线菊	0.5	—	0.30	1.3

※ 据《新·绿空间设计技术手册》（财团法人都市绿化技术开发机构编辑、发行，诚文堂新光社 1996年版）78页中图表，由作者重新编制）

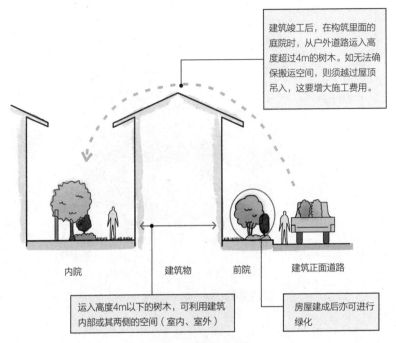

建筑竣工后，在构筑里面的庭院时，从户外道路运入高度超过4m的树木。如无法确保搬运空间，则须越过屋顶吊入，这要增大施工费用。

内院　　　建筑物　　前院　　建筑正面道路

运入高度4m以下的树木，可利用建筑内部或其两侧的空间（室内、室外）

房屋建成后亦可进行绿化

图5.37　搬运注意事项

5.3.4 常绿树与落叶树的均衡配置

　　落叶树春季萌芽、夏天碧绿，入秋后红叶片片，呈现出四季的变化。只是秋天叶子开始脱落，到了冬天叶子掉得一干二净，景象十分凄凉。要在冬季里保留几分绿色，将落叶树与常绿树混合起来栽植便显得很重要。我们在5.2.3小节中讲到，为加强隔音、防火和防风的功能，需要营造墙壁状的绿化带，而且最好全部由常绿树构成，不掺杂落叶树。栅栏和围墙等的颜色也构成建筑物和结构物的背景色调；但是，假如单一由落叶树构成，在绿叶稀疏的春天里开放的花朵和红叶模糊的色彩也比较淡薄。因此，最好还是在其中配植一些常绿树。然而，在日本东北部比较寒冷的地区，给人以别样的印象。那里可供使用的常绿树不多，即使能够使用，也仅限于针叶树。在类似冲绳那样的炎热地区，可使用的落叶树反倒不多，常绿树竟成为主要树种。

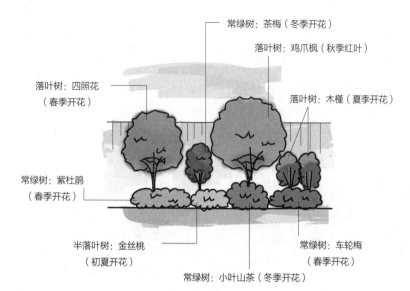

常绿树：茶梅（冬季开花）

落叶树：鸡爪枫（秋季红叶）

落叶树：四照花
（春季开花）

落叶树：木槿（夏季开花）

常绿树：紫杜鹃
（春季开花）

半落叶树：金丝桃
（初夏开花）

常绿树：车轮梅
（春季开花）

常绿树：小叶山茶（冬季开花）

(a) 落叶高木 + 常绿低木

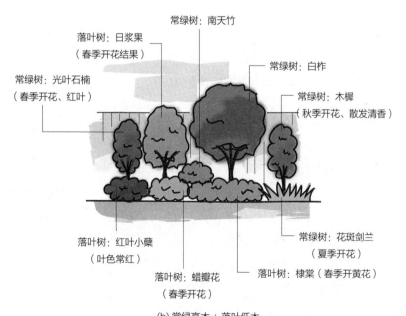

常绿树：南天竹

落叶树：日浆果
（春季开花结果）

常绿树：白柞

常绿树：光叶石楠
（春季开花、红叶）

常绿树：木樨
（秋季开花、散发清香）

落叶树：红叶小蘖
（叶色常红）

常绿树：花斑剑兰
（夏季开花）

落叶树：蜡瓣花
（春季开花）

落叶树：棣棠（春季开黄花）

(b) 常绿高木 + 落叶低木

图5.38　高木与低木组合例

如上所述，不同地域的寒暑差别，决定了绿化构成中的常绿树和落叶树各自所占的比例也各异。从温暖的关东一直往南的大片地域，可随意选植常绿树或者落叶树，决定的因素在于要营造什么样的景观和管理上要花费多大工夫。基本的配植比例是，常绿树和落叶树各占一半。假如常绿树用的多些，会让人感到温暖和充实；反之，落叶树多一点儿，则给人以凉爽和轻盈的印象。为了可以欣赏到落叶树的变化，最好将针叶树作为背景，配植在可以看到落叶树的地方。

至于高木、中木和低木的搭配，一般采用这样的构成方式：如高木是常绿树，其下面栽植的低木应是落叶树；反之，使用落叶树作为高木，树下植入的低木则为常绿树。只需一年时间，便可以看到栽植的树木既不缺少变化，又让人感到绿意盎然。

5.3.5　树木排列方式

如果树木被整整齐齐地栽下去，可能会使空间显得比实际狭小。而且，即使同样大小的树木，若等间隔地栽植，也会将空间分割得很局促。在空间及其规模已经确定的条件下，这样的做法必将让空间显得更加逼仄。因此，整齐划一的排列方式只适用于占地广阔的绿化项目。若想使原本狭小的空间看上去宽敞一些，最好回避那种等间隔的排列和大小相同的空间反复，采用不规则空间排列的方式。

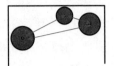

·显得宽敞的平面排列方式

构成不等边三角形

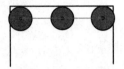

·显得狭窄的平面排列方式

由3棵以上树木排列成一条直线

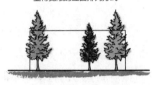

·显得宽敞的立面排列方式

让形状各异的树木按照不同间隔配置，
使空间显得更加宽敞的设计

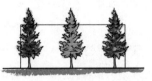

·显得狭窄的立面排列方式

同样形状和大小的树木以等间隔排列

(a) 树木的配置（排列方式与纵深感的关系）

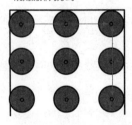

·规则的排列方式

由3棵以上树木排列成一条直线

·不规则的排列方式

不使空白处
的大小相同

多于3棵的树木不排列成一条直线

(b) 3棵以上树木的配置（规则配置和不规则配置）

图5.39　树木排列方式

5.3.6 设计风格

　　只要使选定的树种多样化、配置也各不相同，就可以分别营造出和风的、西风的、人造的和自然的等各种氛围。对其总的形态风貌的定位，要与建筑和房屋的用途以及周边景观协调一致。

● 和风

关于和风庭园设计，除了所谓"真行草"的设计形式，有的还讲究与水设施（瀑布、溪流、水池、蹲踞、洗手盆）的调和，以及与景石的平衡配置、与甬路的布局和石灯笼之类设施的关系，并以此作为基础斟酌其规模大小和配置方式。不过，因为各地的风俗习惯、历史渊源和气候条件等存在差异，所以在设计上也不可能千篇一律。这里，我们只介绍一下用简单操作即可凸显出和风的设计方法。

• 常绿树整形庭园

说到和风庭园，会让人想到那种以常绿树为主，并用枫类树木烘托出季节感的庭园。园中高木的高度并不一样，配置的厚皮香、全缘冬青、白柞、青冈栎和小叶榕等常绿阔叶树，构成浓绿的背景，背景的前面植有鸡爪枫。至于树木的排列方式，凡超过3棵就不排列成一条直线，而且也不采用以等间隔栽植构筑空间的方式。修剪和整形也是一样，使之成为曲线造型，高木和中木呈左右不对称配置。中木也利用野山茶、茶梅和木槿等常绿阔叶树；低木则是经过整形的常绿阔叶树，如杜鹃、柃木和犬黄杨等；地衣用的是大麦门冬、沿阶草和珠龙等。这与其说是一座充满阳光的庭园，不如说是润泽温馨、树影婆娑的庭园更恰当。如果能够再添置景石和石灯笼的话，那和风的氛围将愈加浓厚。

图5.40　石灯笼和景石

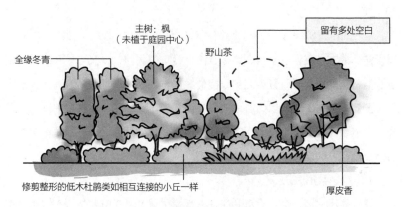

主树：枫
（未植于庭园中心）

野山茶

留有多处空白

全缘冬青

修剪整形的低木杜鹃类如相互连接的小丘一样

厚皮香

以常绿树为主的非均衡配置

(a) 庭园树的配置

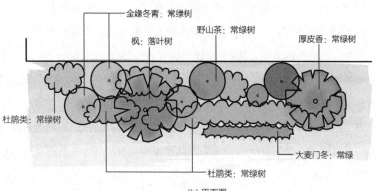

全缘冬青：常绿树

枫：落叶树

野山茶：常绿树

厚皮香：常绿树

杜鹃类：常绿树

大麦门冬：常绿

杜鹃类：常绿树

(b) 平面图

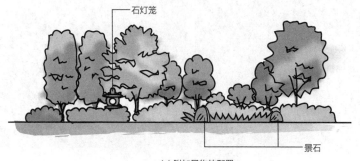

石灯笼

景石

(c) 附加景物的配置

图5.41　和风庭园配置例

在日照充足的庭园里，可以利用松类和草皮，使构筑的庭园看上去更加明亮。松类是所谓整形物，即利用其修剪过的树形。整理过的地面，有些稍微隆起的部分，看上去起起伏伏，可使空间显得更加广阔。在整形树木中，如图5.42那样分为几种形态，虽然要花些工夫，但可事半功倍。

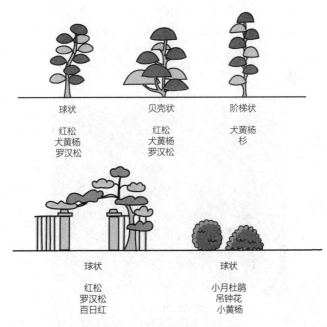

球状	贝壳状	阶梯状
红松	红松	犬黄杨
犬黄杨	犬黄杨	杉
罗汉松	罗汉松	

球状	球状
红松	小月杜鹃
罗汉松	吊钟花
百日红	小黄杨

图5.42　整形例及其主要树种

图5.43　整形松树

　　用竹类构建的庭园也是一种日风庭园。要表现出高大竹林的气势，可使用南竹和刚竹营造庭园；如果栽植黑竹和四方竹，可将竹林高度控制在3m左右。大型竹类的栽植密度，一般为每株占地1m²的样子；小型竹1m²可植2株左右。每株竹只长出1～2根竹干（芊），但数年之后，竹笋将从其他地方、以不同的样子长出。由于这打乱当初栽植时整齐的行列，因此栽植时应该留出1m以上的间隔，并使竹干相互重叠。因竹类的地下茎会向周围伸展，故要在不希望它伸展的方向埋设阻断材。

图5.44　竹林庭园

● 西洋风

　　西洋风庭园是笼统的叫法，涉及的地域十分广阔，不同的国家和气候条件，使得所营造的庭园风格也千差万别。在意大利和西班牙等地中海沿岸的南方地区，随处可见橙子等柑橘类常绿树，以及橄榄的形象；由此往北，在法国和英国等地区则以山毛榉和白桦之类的落叶阔叶树为主体；在德国和瑞典唱主角的是德国桧和冷杉等常绿针叶树。

　　一般说来，西洋风庭园的设计都充分利用直线条，用直线条构成整形式庭园。其中采用左右对称手法人工制作结构物的设计，是常见的形式。譬如，位于法兰西旧城周围的空间，一般都很规则地配置着雕塑和喷泉之类的景物。其绿化部分是经过大力修剪的黄杨类树木，形态都被处理得很整齐。植于庭园与庭园之间相连道路两侧的高大树木，也同样被排列成一条直线。

图5.45　整形式庭园的代表凡尔赛宫后花园

此外，还有一种自然风庭园。这是诞生于英国的风光式庭园。与日本庭园类似，它也回避直线条和左右对称的设计，以落叶阔叶树为主，构筑出丰满的空间。

图5.46　自然风光式庭园

促使园艺走向繁荣的英式花园，让鲜花从春到秋逐次绽放，因而是以鲜花为主角的庭园。其绿化手法能够做到，即使在无花开放的短暂期间，也可以将叶形和颜色的变化作为观赏对象。它如同风光式庭园那样，充分利用曲线条构建随意的空间。

图5.47　日本的英式花园先驱
长野蓼科高原英式花园（国际蔷薇节暨园艺展）

蔷薇庭园营造的是西洋风格。在日本养育的蔷薇，都要花些工夫进行施肥和防止虫害等，因此最好不与其他植物混合栽培。

图5.48　蔷薇庭园

营造西洋风庭园的关键就在于，不要使用松和樱之类日本色彩较浓的树木，常绿树中的杜鹃类亦应回避。在凉爽的欧洲，由于常绿树杜鹃类的耐寒

性和耐潮性都比较弱，因此几乎无人栽植；倒是落叶的低木随处可见。很少
利用的常绿阔叶树形态亦是一个选项。

● 自然风

在自然元素正逐渐消失的城市里，营造大自然中山野那样的绿地，便可
以增加人们置身绿色环境的机会。自然风的庭园，是一种不分和风还是洋
风，为调和各种建筑物和结构物容易采用的造园形式。

自然风庭园以落叶树为主，不考虑树木的体量和树种，采用随意的配
置结构。低木也并不将地面全部覆盖，而是星星点点、若隐若现；间或植
入细竹等地衣类。在落叶树之间，再不规则地插入一些其他的落叶树。配
植固然很重要，但是树种的选择也很关键。庭园自然风的形成，亦仰仗小
橡子和柞那样生长在山野中的树木，不能选择蔷薇和木槿之类的园艺树种
或外来物种。

可营造出自然风氛围的树种 表5.19

	常绿树	落叶树
高木	青冈栎、白柞	槲、四手、桂、柞、栗、榉、小橡子、辛夷、七度灶、髭脉桤叶、山樱
中木	木姜子、岑木	男莢蒾、莢蒾属、扭转树、紫式部
低木	桃叶珊瑚	莺神乐、曲溲疏、旌节花、三叶杜鹃、野杜鹃、胡枝子、棣棠
地衣	虾脊兰、山白竹、小熊笹、吉祥草、春兰、紫金牛、大麦门冬	紫萼藓、油点草

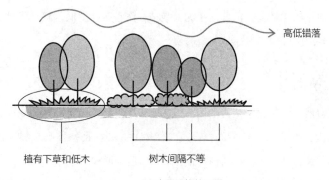

高低错落

植有下草和低木   树木间隔不等

(a) 山野风格的配置

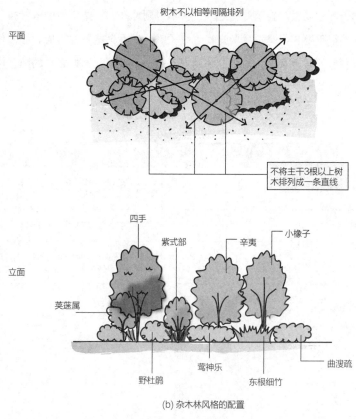

平面

树木不以相等间隔排列

不将主干3根以上树
木排列成一条直线

立面

四手

紫式部

辛夷   小橡子

英蒾属

野杜鹃   莺神乐

东根细竹   曲溲疏

(b) 杂木林风格的配置

图5.49   自然风庭园例

5.4 | 管理方法决定设计效果

　　随着作为庭园主体的植物不断成长，园内景观的总体形态也逐年改变。改变的快慢则取决于栽培植物的性质、气候条件、日照、降水等气象状况、土壤肥沃程度、含水量的多少、硬度和土壤性质等等；一旦遇上病虫害，还将阻碍植物的生长。然而，日本因受惠于拥有适宜植物生长的环境，通常植物的成长都比较快，与对植物的培育相比，将植物维持在何种形态显得更为重要。而且，还具有运用这方面的技术十分发达的历史背景。说到那种极致的管理，非盆栽莫属。可以这样认为，自建成起已经过去200多年的庭园，我们现在看到的景致，与造园当初的形态相比，从体量上说已经小得多了。

　　平日里以鲜花示人的庭园，为使花儿开得更加鲜艳美丽，需要做这样的管理：只要花一谢便立刻除掉，被称为摘枯花作业。以鲜花展示庭园闻名的英式庭园，为使草花能够一拨接一拨地连续开放，有时干脆采用轮植的方法，从而可以不断地欣赏新的草花。为了保持栽培伊始时浓郁的绿色，一般都要将栽植密度提高到一定程度。不过，这样一来，到了第二年如果不进行间苗和剪枝的话，因通风较差易引起病虫害。

　　像这样管理左右设计的情况屡见不鲜，因此如果说设计取决于采取何种管理方式也不为过。

5.4.1 | 管理的内容

　　绿化空间的管理，单就树木而言主要有以下几点内容：

- 相对于空间过大部分的修剪：每年2次左右；
- 使杂乱的空间变得井然有序的修剪：每年2次左右；
- 栽植密度过大时的间苗和剪枝：每年2次左右；
- 发生病虫害时的喷药和清理：春秋两季不定期进行。

- 枯死植物的重植: 不定期;
- 施肥: 每年2次左右;
- 清除杂草: 全年;
- 清理落叶、残枝、落果: 全年;
- 灌水: 全年。

● 修剪

　　因为全部修剪每年要进行2次左右, 所以几乎是每天都要做的事, 其频度对管理费用的多少有很大影响。每年2次的修剪, 这只是一个平均数; 为了节省管理费用, 像公共空间的行道树之类, 往往每2年才进行1次简单的修剪。常绿树总给人以不落叶的印象; 其实, 并非如此, 它几乎全年都在落叶, 同样需要每天或数日一点点地清扫。由于落叶树的叶子到了秋季会掉得一干二净, 这时的清扫量将是之前的数倍之大。落叶有时被作为普通垃圾焚烧掉, 有时又必须被当作产业垃圾清除。这样一来, 因处理垃圾而产生的费用, 往往使本就有点儿窘迫的管理费更加捉襟见肘。所以说, 修剪的频度是一个很重要的研讨事项。

　　草本类植物除宿根草外, 均与树木不同, 大都需要半年重植一次。有的草种, 甚至隔3个月左右就要植入一次新苗。类似郁金香那样的球根草, 在花谢叶枯之后, 必须将球根挖出。有鉴于此, 对待草本植物管理的思维方式, 便不能与树木的管理完全一样。

● 灌水

　　通常, 灌水是在缺水的情况下进行的, 盛夏季节每天2次, 早晚各1次; 冬季则基本不需要灌水。可以根据土壤状态来确定灌水的时机, 如果必须在大型空间里实施灌水, 要采用自动灌水系统。

　　灌水系统分为两种, 一种是沿地面铺设软管; 另一种是将洒水车停在适当的位置。地面铺设软管的方式, 适合于那种很少有人进入的场所。

　　灌水系统对雨水的利用，可使管理缓解环境的压力。不过，因贮存太久的雨水可能变质，故在使用前应做适当的化验。此外，还要重视对水泵等机械的检修。

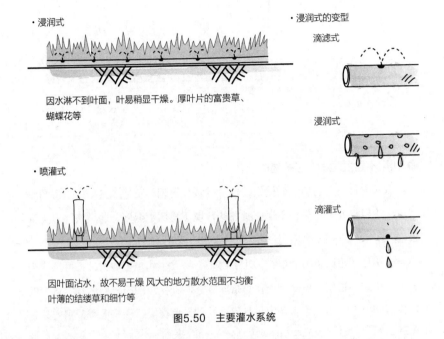

·浸润式

因水淋不到叶面，叶易稍显干燥。厚叶片的富贵草、蝴蝶花等

·喷灌式

因叶面沾水，故不易干燥 风大的地方散水范围不均衡
叶薄的结缕草和细竹等

·浸润式的变型

滴滤式

浸润式

滴灌式

图5.50　主要灌水系统

5.4.2　尽可能少管理的设计

　　公共设施和道路之类的大型空间对管理的要求比较严格，经常会出现管理优先于设计的情形。对于下面要讲到的项目，最好能够在设计的过程中加以确认。

● 利用慢生长植物的设计

　　在植物生长较快的日本，要使植物大小始终保持在一定程度，必须频繁地进行修剪。因此，为了尽量减轻管理的负担，引入生长慢的植物是一种有效的方法。通常情况下，常绿树要比落叶树的生长缓慢，针叶树的生长速度逊于阔叶树。假如绿化植物全部由常绿针叶树构成，则将成为管理十分轻松的空间。

不过，美国岩柏类、金翠园和雪松之类，在土壤肥沃的条件下生长迅速，长得很高大，并不适合用于这样的空间。

生长缓慢的代表性树木　　　　　　　表5.20

	高木、中木	低木、地衣
生长缓慢的树种	青冈栎、银杏、犬黄杨、乌冈栎、野茉莉、冬青、赤松、四照花、小叶虎皮楠、全缘冬青、厚皮香、昆栏树、山荔枝	吉祥草、络石、蝴蝶花、车轮梅、草珊瑚、垂岩杜松、富贵草、紫金牛、大麦门冬

● **利用不易发生病虫害植物的设计**

引入不易发生病虫害的植物，也可以减轻管理的负担。发生病虫害的原因不外乎以下几种：植物不适应所在的环境（日照、湿度、通风状况、土壤条件）、本身抗病虫害能力比较弱和对害虫有吸引力等。

被用作城市行道树的植物，几乎都是不易发生病虫害的树种，可以作为参考。说到不适应环境的例子，系指原本在国外生长的树种；而日本自生的野蔷薇和疾槐又当别论。其中最具代表性的是蔷薇类，在梅雨季节很容易发生病虫害，而且所需的肥料也特别多。

易生病虫害树木及其症状　　　　　　　表5.21

	病虫害	特征	易受害树木
病害	白粉病	新芽和花朵表面覆盖一层白色粉末。症状严重时，树木生长受阻	梅、榉、百日红、四照花、苹果、蔷薇类、正木
	斑点病	在潮湿的叶面扩散，叶面干燥时显现红黑色斑点，之后变黑	柑橘类、蔷薇类、苹果
	烟煤病	在叶、枝和干的表面覆盖着煤烟状物。对叶面的覆盖，妨碍其光合作用，使树木生长受阻	月桂、石榴、百日红、杜鹃类、四照花、山桃
	白绢病	土壤内繁殖的病原菌。植物贴地处覆盖白色细丝状物，致树木枯萎	瑞香、杉、真木类、樟、刺槐、胡枝子

续表

	病虫害	特征	易受害树木
虫害	凤蝶幼虫噬食	产卵附于叶面，羽化的幼虫以叶为食。幼虫受到刺激释放异臭	柑橘类、花椒
	蚜虫吸汁	蚜虫种类因所栖树种不同而各异，但均以吸新枝和新叶之汁液为食	鸡爪枫、梅、蔷薇类
	美国白蛾噬食	蛾之一种，每年发生2次，食叶。毛虫不蜇人	柿树、樱类、四照花、沙果、藤、法国梧桐（悬铃木）、枫香
	蚧壳虫吸汁	枝叶附有白块，树势孱弱。虫便诱发烟煤病	柑橘类、车轮梅、蓝莓、正木
	大背天蛾幼虫噬食	天蛾之一种，经常以嫩叶为食，直至将叶片吃光	栀子、小栀子
	长喙天蛾噬食	似蜂之蛾，成虫产卵于树干损伤处。幼虫于树皮内成长，树木被噬害，直至枯死。自树干生出之果冻状肿块，最后固结	梅、樱类、桃
	珊瑚树叶虫噬食	甲虫之一种，幼虫和成虫均以叶为食。尤以幼虫为甚，经其噬咬，叶面遍布小孔	珊瑚树
	茶毒蛾噬食	以叶为食，每年发生2次。人若触及幼虫和外壳表面的绒毛，会诱发皮疹	杜鹃类、茶梅、茶树
	黄杨绢野螟噬食	幼虫聚于枝头，张网筑巢，导致噬害	犬黄杨、草黄杨、黄杨、小黄杨
	杜鹃军配虫吸汁	甲虫之一种，被吸汁之叶片泛白并逐渐枯萎	小月杜鹃
	直升机龟甲虫噬食	小型甲虫，经其噬咬，叶面遍布小孔，严重者甚至全部被吃光	木樨

● 充分利用天生树形较小植物的设计

日本庭园中经过整形处理的松树和真木类，为了保持其形态，必须采用特殊的技术进行管理。假如在设计上能够利用那种栽下去之后始终长不大的植物，在管理上就简单多了。

自然树形的小高木 表5.22

常绿树	落叶树
冬青、岑木、昆栏树	野茉莉、吊花木、七度灶、豆樱、狭叶四照花

5.4.3　设定完成形态

英式庭园中栽植的苗木，在规划设计伊始就考虑到100年后会长到有多大。譬如构筑大门用的黄杨，从苗木阶段便要修剪整形。反之，日本营造的植物空间，大都希望在竣工时看到庭园的完成形态。为此，多半都要将高大树木和经过整形的树木植入其中。

这样一来，天天成长的植物，其形态将逐渐发生变化；在庭园的完成形态尚未设定的情况下，初期植入树木的大小、密度和树种也无法确定。绿化工程完成之后，为要构筑供人鉴赏的空间，需要植入形态已相对固定的树木，然后再逐次大密度地配置低木和地衣。因此，在竣工的第二年，则有必要对过密的部分实施间苗和剪枝等管理。假如将设定的完成形态时间点放在竣工后的第三年或第五年，应将栽植密度设的稍微稀疏一些，并可将树木大小设定为达到其完成形态的八成左右。由于栽植密度相对稀疏，便无剪枝的必要，与那种采用完成形态进行栽植的方式相比，在管理上比较轻松。

5.4.4　草坪广场的管理

无论在住宅区还是公共空间，草坪广场都是一种常见的广场形态。与栽植花草树木的广场相比，草坪广场的初期造价可以控制在较低水平。因此，这一广场形态被广泛采用。然而，也存在这样的问题：由于竣工后的维护作业，很容易使广场的形象发生改变，究竟怎样进行管理才更为妥当。要想控制草的高度，看上去像地毯一样，形成绿茵空间，要做的管理工作很多。譬如夏季，草长得很快，必须频繁刈割；杂草侵入多了，也要将其拔除。为避免有风吹过使广场裸露地面上的沙石尘土向周围飘散，事先匆忙铺就的草皮，可以做简单处理，即使里面混入一点儿荒原杂草也没关系，只要每年刈割修整2~3次，不让其长高，照样能够保持草坪的形态。

　　在寒冷地区使用的西洋草，都长得很高，为控制其高度，刈割修整的次数要比日本草多一些。其实，即使长高了也无所谓，也不一定非得刈割修整。刈割修整的次数多少，取决于要将草坪保持什么样的状态。

高丽草管理日程计划　　　　　　　　　　　　　表5.23

3月	如不下霜即可铺草皮
4月	随着气温升高，草根开始伸展
5月	此时杂草也开始生长，因早期易拔，发现即应拔除。要抑制草高，可开始刈割修整
6月	施肥。继续刈割修整。保持通风和清除残草。应注意的是，入梅季节易生病虫害
7月	继续刈割修整和灌水。施肥
8月	继续刈割修整和灌水
9月	继续刈割修整和灌水
10月	中止刈割修整。稍稍减少灌水
11~12月	维持在特别干燥时再灌水的程度

※通风：在草坪中以2cm左右的相等间隔开一小孔，让空气进入残草；修整草坪后被割掉的碎草屑

图5.51　混入禾本科杂草的坡面草坪

Chapter 6

植物景观设计
话题的展开

植物景观所扮演的角色，并非就是设计的优美风景和构筑出的一块绿地。

它还可以发挥以下这些作用：保护环境、并使其变得更好；给观赏者带来愉悦感；如同节日庆典和演出活动那样，密切人与人、人与街区的联系等等。而且，这样的影响还在不断扩展。

6.1 环境资源

普遍的看法是，植物有利于环境。人们之所以持这一观点，是因为植物会释放氧气的缘故。如今，又有一个新的说法，植物作为一道绿色窗帘，起到调节环境的初段装置的作用。而且，认为群山和森林是孕育海洋生物的场所这样的观点也越来越普遍。虽然日本的陆地几乎全为植物所覆盖，但是人们却生活在这之外的地方。绿色植物的存在，是地球上所有生物繁衍生息不可或缺的条件，还应进一步扩大。

从国外的情况来看，植树活动对于改善地球环境也很重要；在日本国内，也应该反复开展这项活动。随着通过景观设计营造的优美景色不断出现，有必要采用这样的手段恢复日本环境的生机。

6.1.1 植物的环境效用

● 缓和气温

在森林等树木很多的地方，由于叶的蒸腾作用，即使气温较高的夏天，亦可防止极端的高温化。有报告称，皇居内的绿地，夏季夜晚的蒸腾作用会产生冷气效应，并向市内扩散。此外，在类似沙漠那样既没有水也没有植物的场所，中午是高温天气，到了夜晚又变冷形成低温。而被草皮等草类覆盖的部分，即使受到强烈阳光照射之处，无论白天还是夜晚，均可赤脚走在上面。于是，植物的覆盖就起到稳定气温的作用，在寒暑变化非常剧烈的季节里成了重要的环境缓和装置。由此可见，尽可能减少高温化的沥青和混凝土部分，变成用植物覆盖，对于缓和环境是一个有效的方法。

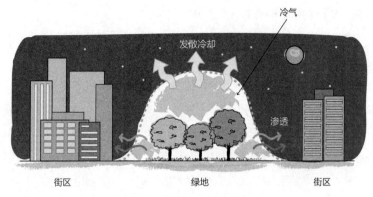

图6.1　夜间冷气渗透的机制

● 调节日照

　　如同夏季设置的绿帘所代表的那样，在阳光强烈场所配置植物，可使阳光变得柔和，减轻暑热的煎熬。即使被骄阳照射的步道，只要被树木的绿荫覆盖，也会成为惬意的步行空间。这样一来，不应再将植物的配置作为权宜之计，而要注重选择夏可蔽日、冬能透过阳光的落叶树以及一年草等植物，将其植于适当的位置。关于配置方法，若将绿帘那样的藤蔓植物做平面状设置，不能将开口部完全遮挡，使其稍稍离开墙面，以便通风顺畅；并且还要保证可被雨水淋到。树木亦应如图6.2那样，离建筑物稍远一点儿，配置时还要考虑到能使阴影经常落在出入口的方向。

图6.2　阳光与树木（落叶树）的关系

● 抑制建筑物和结构物的气温上升

因为植物具有缓和地面气温的作用,所以将其配置在建筑物和结构物上,能够抑制本身的高温化和极端的低温化。

在群马县和埼玉县看到的橡栎树篱,就是为了阻挡冬季从北方吹来的强风而设置的。这样的树篱既可阻挡强风,又能减轻寒风对建筑物的降温作用。在富山县的砺波平原,杉树也有这样的功能。因不同地区的寒冷程度存在差别,应该选择抗严寒和强风的树种,迎着冬季的风向配植。

假如屋面和屋顶的表面处理使用混凝土的话,其表面温度可接近60℃。因此,将给下面居室的空气加温,导致室温升高。固然亦可采取增加隔热材料层的方法;不过,只要在混凝土层表面再敷设一层草皮,即可使室温的变化缓和下来。也有一种工法,是使用景天类多肉植物。要想降低楼下的室内温度,只有选择草皮那样易发散汽化热的植物才有效果。虽然草屋顶也具有相同的效果,但是与平坦的屋顶相比,因有一定坡度,屋面高低位置的水分保有量不一样,加之爬到屋面上去管理的难度也很大。这些问题均须注意。

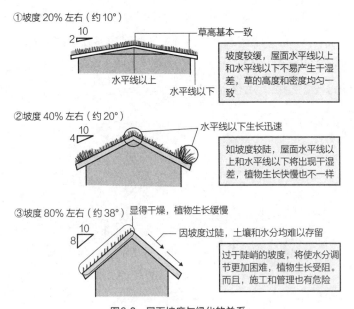

图6.3　屋面坡度与绿化的关系

　　夏季，由南侧至西侧的墙面和屋顶会受到强烈阳光的暴晒，室温很容易升高。如用藤蔓之类的植物将这部分做墙面绿化，则可减弱其高温化现象。即使在冬季，植物残留的叶子也具有保温效果，而且也不限于使用落叶树。不过，如果是在建筑的开口部周围，因为冬季房间里需要温暖的阳光投射进来，所以必须选用这个季节叶子已经脱光的落叶树或者一年草之类的植物。如果用藤蔓在北侧进行绿化，虽可起到一定的保温作用，但没有多大抗强风的能力，加之冬季叶子脱落，对缓和环境的效果不能抱有太高的期望值。常绿藤蔓植物中的大多数都是暖地型品种，不能用来做寒冷地区绿化的选项。

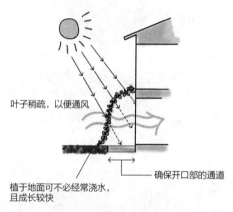

图6.4　利用藤蔓植物形成的绿帘

● 树木的保水力

　　植物因进行光合成而需要水。在为树木所覆盖的地面，多是日照难以到达的地方，土壤中总是保有一定的水分；即使降下的雨水再多，植物地下的根系也会将水分吸上来，并保持住。这样，便提高了地面的保水力。研究证明，在树木较多的地方，保水性也会非常好，可防止洪水泛滥和山体滑坡。然而，由杉和柏之类的针叶树构成的人造林带，因针叶树的根系不向周围扩展，而是深入地下，同时林下部分（林床）只有浅根的蕨类下草，不会对针叶树根部起到加固作用。于是，大雨一来，很容易发生山体滑坡。森林保有的水分通过光合成作用重返大气的部分，以及逐渐渗入地下形成的地下水，汇集成河流和海洋。就这样循环往复，最终水又返回大海。由于地下水中富含森林所需的养分，因此海水中的营养也同样很丰富，从而养育出大量的海洋生物，成为取之不尽的海洋资源。由此可见，水的循环与植物密切相关。

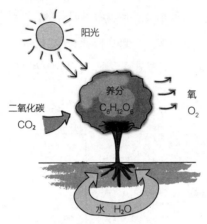

图6.5　植物的光合成

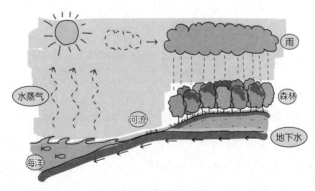

图6.6　水的循环图

● **防风效果**

如同用来阻挡北风的橡栎树篱那样，人们从很早开始就利用植物作为防风的屏障。风经常光顾的最具代表性的地方是海边。有关在海边绿化的方法，我们已经在第4章讲过。抗风能力较强的树种，一般说来是以黑松为代表的常绿针叶树。从日本本州南部一直到九州的沿海地区，几乎都是使用黑松作为防风林。但是，近几十年因为可致松树枯死、叫作松材线虫的害虫由南向北侵入，竟成为松林毁灭的原因，所以若用松树营造防风林，须慎之又慎。为增强防风效果，需要提高叶的密度；然而黑松的叶子稍显稀疏，必须几棵树相互重叠才能满足防风的要求。即使同样都是针叶树，由于罗汉松和贝塚伊吹的叶密度较高，即使单列栽植的树篱也有防风效果。要抵挡凛冽的山风，可栽植抗寒能力强的杉树；但因其花粉症的问题而很少被使用了。

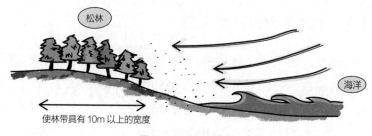

图6.7　沿海的黑松林

白桴是常绿阔叶树中比较耐寒的树种，在日本的群马县和埼玉县得到广泛利用。

城市中林立的超高层建筑会产生高楼风。为缓解这一现象，可适当配植常绿阔叶树，对高楼风进行模拟。此种场合所用的树木是樟和白桴。根据模拟的结果，大都是高度10m左右的树木在发挥作用。因此，可选择常绿树中高度10m上下、容易得手的樟和白桴，进行大量配植。对于平时吹来的高楼风，这样做有一定的效果；但若有台风之类的强风来袭，往往树叶被全部吹落，很难使效果得以持续。而且，在强风经常光顾的场所，像樟和白桴之类常绿阔叶树的叶子也很容易脱落。因此，树木最好不是单棵分散配置，而是成片集中栽植，使之结成一个团块。

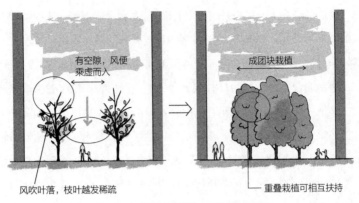

有空隙，风便乘虚而入

成团块栽植

风吹叶落，枝叶越发稀疏

重叠栽植可相互扶持

图6.8　与分散配置相比，最好集中栽植

6.1.2　地域生态的保护和复原

观察证实，近30年来的城市平均气温一直在上升。这使得日本原本没有而且在30年前也不可能存活的热带性植物和生物逐渐被人发现了。除了气温上升，还有一个原因是，日本与国外通过空中和海上的往来更加便捷，国外鲜活的生物或者正处于发芽状态的植物也被大量引进日本国内。这样一来，要想维持日本国内的环境，变得越来越困难。有鉴于此，在构建环境的过程中，充分考虑到以上因素则显得尤为重要。外来物种的大多数都比国产的同类物种更加强健，因此必须趁其数量较少时彻底清除掉。

期望清除的外来物种　　　　　　　　　　　　表6.1

鱼类	大口黑鲈、小嘴鲈鱼、蓝鳃
动物	爪哇猫鼬、浣熊
植物	剑叶金鸡菊、金光菊

直至数十年前，出于复原自然和灭绝动植物回归的需要，一般都是采用从某地购入的方式来引进。然而，即使种类相同的动植物，假如不能采取利用当地物种回归的方式，也无法实现保护地域的生态目标。因此，国家和各

都道府县都对植物的引进和培育作出明确规定。根据具体情况，有的也开展这样的项目：采集残留植物的种子，进行培育后再种植。要想回归本真的自然，必须在选择正确途径的基础上进行规划和施工。

图6.9　由橡树再生的森林
（引自北海道桧山经济振兴局的网页）
(http://www.hiyama.pref.hokkaido.lg.jp/sr/srs/donnguridemorinosaiseiwo.htm)

水自高处流向低处。很多自然而然的现象，往往会因我们对细微末节的过度关注而忽略。在为保护残存的自然而进行规划和设计时，不能只是注意置于其间的场所，还应留意周边环境，以及水和风的流动状态。假如河川的上游已被污染，那么下游所做的保护自然举措也是徒劳的。关键是要考虑到广阔地域的自然循环状况，并据此来做出规划。

图6.10是北海道钏路湿地的湿地再生项目范围图，图中标示出流入湿地河川的流域。日本环境厅正在推进各地区保护湿地的事业。

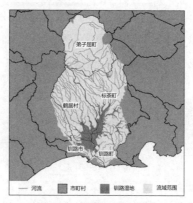

图6.10　钏路湿地流域图
（引自环境厅的网页）
（http://kushiro.env.gr.jp/saisei1/modules/xfsection/article.php?articleid=74）

6.2 | 有利于人际交往的植物景观

　　在街区内，可以看到市民利用植木钵或者花坛栽种花草的越来越多了。这并不是地方政府的安排，多半都是住在街区里的居民自发的行为。由市民参与的街区活动，如差不多每年一次的节日庆典，还有定期进行的大扫除等，至今仍可以看到。作为一项无论孩子还是成人均可参加的活动，大家一起栽花种草，共同养护花坛、行道树和公园等处的花草树木。大家之所以能这样做的原因是，想要把完全由地方政府支配的公共空间建设，转变成适应市民需求的公共空间构建活动。而且，出于节省建设和管理费用的考虑，但凡市民能做、又愿意去做的事，都交由他们自行去做好了。绿化并不是强加于市民的工程，而是他们自觉自愿想要做的事。彼此并不熟识的市民，在绿化建设过程中得以相互交流，使其与地区之间的联系也变得更加紧密。正是因为有这样的效果，地方政府和町内会举行的与绿化相关的活动逐渐多了起来。

图6.11 学生利用园艺活动参加街区建设（神田淡路町）

6.2.1 地方的植物景观建设和人才培养

类似花坛和植木钵内的植物，地方政府往往会将其交由当地居民来栽培和管理。如果受托的居民对摆弄花草有些经验还好，否则的话就难以达到预期的效果。因此，有的地方政府就着手培养植物管理方面的人才，使他们掌握植物管理的方法。

自2001年起，神奈川县川崎市开始实施"川崎园艺师认证考试"，根据考试成绩，分别认证为特级、1级、2级和3级。最初被认证为特级的人，称为"川崎园艺师"；总计5次认证合格者被授予"川崎园艺大师"称号。被认证为园艺师的市民可参加本地区与植物绿化有关的各项活动；自2004年起，还能够参与"用花草装扮街区竞赛"的运作。年年都可见到这样的盛况：在街角的花坛和绿地中，大量展出获得园艺师认证市民的作品。培育这些作品的人们，就是设置花坛和摆放植木钵那地方周边的居民，通过用鲜花装点自己的街区，居民之间的联系也变得愈加紧密。

图6.12   川崎市"用花草装扮街区竞赛"宣传册
(http://www.kawasaki-green.or.jp/ezcatfiles/kawasakigr/
img/img/3090/wagamachi_contestno07_annai_2012.pdf)

图6.13   院落租赁制度机制图
（引自日本千叶县柏市官方网页）
(http://www.city.kashiwa.lg.jp/soshiki/110600/p006771.html)

千叶县柏市推广的"院落租赁"制度，使得因无余力管理绿地和空地而困扰的地主人与想要致力于花卉、绿地和广场等项业务的人们相互对接，并给这项业务提供补贴，以实现地区的绿化和构建出优美的景观，并增进与当地居民的紧密联系。此外，与川崎市一样，作为培养热心绿地建设的本地居民的一项举措，自2006年开始举行"山乡志愿者讲座"，参加过讲座的市民正在从事着绿地建设。

6.2.2 园艺康复疗法

所谓园艺疗法，系自1990年前后被介绍到日本，把栽花种草等园艺活动作为一种医疗手段，以其达到使心理或肉体有障碍的人康复的目的。这样的疗法，在国外始于20世纪50年代。在日本被认证具备相当资格者有，兵库县园艺疗法师、注册园艺疗法师和全国大学实务教育协会认证疗法师等。除了园艺疗法相关专业的知识，园艺疗法师还应掌握必要的医学、社会福利学和心理学等方面的知识。因此，这已经成为与景观设计完全不同的领域。需要做相应设计的场所，包括医院、休养设施和护理设施等；设计的主要对象不是植物，而要侧重于护理和关怀。其中的植物要能够与患者交流，甚至显示出通过植物的媒介增进患者之间交流的可能性。

● 高床式花坛

通过设置高床式花坛，将花坛升高至距地面80cm，便可使其与轮椅对应。构筑轮椅可进入的空间，是园艺疗法的一个特点。这样一来，即使有视觉障碍的人也能够很方便地接触到植物。

6.2.3 布置花草树木产生的效果

川崎市已经彻底改变了原来那种工厂川崎和公害川崎的面貌，它现在作为通过植物绿化使环境焕然一新的城市，开始得到大家普遍的认可。花草树木的大量栽植，让市民对自己的城市感到自豪；而且，无论原本就心仪优美整洁环境的人、曾经付诸行动的人，还是亲眼见证了巨大变化的人……市民之间开始了越来越多的交流。说到用花草装扮街区，一些老人的做法也很让人感动。即使在学校和幼儿园，这项活动也开展得有声有色，从孩子到带着孩子的父母、高龄老人，以及上下几代的市民，都能够彼此进行交流了。可以预感到，要不了多久，也会有照看护理设施内花草的团体加入到各种交流中来。即使在柏市，已经自绿化事业退休的市民，往往也要再找一处新的活动场所，并试图使那里成为一片绿意盎然之地。

可以想象，在从东日本大地震复兴的过程中，道路、城市基础建设、居住场所、劳动场所和公共设施等的建设，正在有序展开。但是，无论从哪个角度讲，都不可忘记植物绿化的必要性。一个对所有人开放的绿色空间，今后也逐渐成为人们相互交流的场所。

图6.14　市民与盆栽制作

作者简历

山崎　诚子

景观设计师

市川市景观审议委员、埼玉市城市规划审议委员

小田原市景观顾问、东京都港区景观顾问

1984年　武藏工业大学建筑学科毕业

1984年　东京农业大学造园学科、在籍听课生

1986年　株式会社　从事园艺师工作

1990～2007年　东京设计师学院兼职讲师

1992年　创立GA山崎有限会社

1998～2007年　武藏工业大学工学部兼职教授

2007～2013年　日本大学理工学部助教

2013～迄今　日本大学短期大学部副教授

（主要景观作品）

千叶市打濑小学校、津山玻璃屋、博多小学校

京王花卉园"昂热"

爱知世博会丰田馆、横须贺美术馆

富山市立芝园小学、中学

Maruya花园大厦、YAOKO川越美术馆

（主要著作）

《花的容器　技巧的技巧》（小学馆）

《从山崎流的自然风学习造园》（明治书院）

《新·绿设计图鉴》（X-Knowledge Co., Ltd.）

《住宅植物景观营造》（X-Knowledge Co., Ltd.）